高等学校计算机类"互联网+"规划教材

C 语言程序设计实践

主　编　王　科　谭新良　徐　述
副主编　李正华　陈德鹏　陈再师　谭珍琼
参　编　刘　洋　胡奇光　郭赛球　刘德峰
　　　　李　旎　刘　雯　龙岳红　田旺兰
　　　　谢一峰
主　审　周建存

北京邮电大学出版社
·北京·

内 容 简 介

本书是与《C语言程序设计》配合使用的参考用书。本书共两部分，第一部分是上机实验指导，提供了16个实验，每个实验包含实验目的、实验内容与指导等，实验内容与指导中的很多题都有解题分析。第二部分是与理论教材各章节配套的习题，习题类型丰富，题量较大，包括选择题、程序填空题、程序改错题和程序设计题等，有些题目是全国计算机等级考试二级C语言考试真题。

本书可作为普通高等院校各专业“C语言程序设计”课程的配套教材，也可作为参加C语言相关考试人员的参考书。

图书在版编目(CIP)数据

C语言程序设计实践 / 王科，谭新良，徐述主编.
北京 ：北京邮电大学出版社，2025. -- ISBN 978-7
-5635-7613-5

Ⅰ. TP312.8

中国国家版本馆 CIP 数据核字第 2025ZU0635 号

策划编辑：苏国强　　**责任编辑**：宋俊娥　　**封面设计**：义和文创

出版发行：北京邮电大学出版社
社　　址：北京市海淀区西土城路10号(100876)
电话传真：010-82330190　62282185(发行部)　010-82333009　62283578(传真)
网　　址：www.buptpress3.com
电子邮箱：buptpress3@163.com
经　　销：各地新华书店
印　　刷：三河市骏杰印刷有限公司
开　　本：787 mm×1 092 mm　1/16
印　　张：15.25
字　　数：386千字
版　　次：2025年8月第1版
印　　次：2025年8月第1次印刷

ISBN 978-7-5635-7613-5　　　　**定价**：49.80元

如有质量问题请与发行部联系

前言

"C语言程序设计"是一门实践性很强的课程。读者在努力学习理论知识的同时，必须加强上机实验和习题训练。为了做到学练结合、学以致用，作者编写了这本《C语言程序设计实践》教材，建议与主教材《C语言程序设计》配套使用。

本书包括两部分，具体介绍如下。

第一部分是上机实验指导。本部分共安排了16个实验，每个实验都由实验目的、实验内容与指导两部分组成。

第二部分是按教材章节顺序编写的习题。本部分习题的来源主要是全国计算机等级考试二级C语言考试真题。

本书由王科、谭新良、徐述担任主编，由李正华、陈德鹏、陈再师、谭珍琼担任副主编，由周建存担任主审，主要参编人员还有刘洋、胡奇光、郭赛球、刘德峰、李旎、刘雯、龙岳红、田旺兰、谢一峰。

本书的作者都是多年从事C语言教学的一线教师，试图用心设计好每个实验及相关习题，但由于水平有限，书中难免有疏漏，敬请读者批评指正，以便再版时修订完善。

编　者

2025年3月

目 录

CONTENTS

第一部分 上机实验指导 …… 1

实验一 C 语言集成开发环境的使用 …… 1
实验二 数据类型、运算符与表达式的使用 …… 6
实验三 顺序结构程序设计 …… 10
实验四 选择结构程序设计 …… 12
实验五 用 while 与 do…while 语句实现循环 …… 14
实验六 用 for 语句实现循环 …… 17
实验七 多重循环的应用 …… 20
实验八 一维数组和二维数组的使用 …… 22
实验九 字符数组和字符串函数的使用 …… 27
实验十 函数的定义与调用 …… 30
实验十一 函数的嵌套调用和递归调用 …… 36
实验十二 数组与指针和字符串与指针 …… 40
实验十三 函数的指针、返回指针值的函数与指针数组 …… 45
实验十四 结构体的使用与链表的操作 …… 51
实验十五 共用体、枚举类型、typedef 的使用 …… 56
实验十六 文件的有关操作 …… 60

第二部分 习题 …… 67

习题一 C 语言概述 …… 67
习题二 常量、变量和数据类型 …… 70
习题三 运算符、表达式和语句 …… 78
习题四 顺序结构程序设计 …… 85
习题五 选择结构程序设计 …… 88
习题六 循环结构程序设计 …… 100
习题七 数组 …… 127
习题八 函数 …… 141
习题九 指针 …… 173
习题十 结构体和其他数据形式 …… 203
习题十一 文件 …… 225

参考文献 …… 237

第一部分　上机实验指导

实验一　C语言集成开发环境的使用

实验目的

1. 了解 VS 2013(Visual Studio 2013)的集成开发环境。
2. 了解 CodeBlocks 的集成开发环境。
3. 掌握 C 语言程序的基本结构。
4. 掌握在 VS 2013 和 CodeBlocks 中编辑、编译、连接和运行 C 语言程序的方法。
5. 掌握调试 C 语言程序的方法。

实验内容与指导

1. 在 VS 2013 上运行一个新的程序(helloworld. c)。

(1)启动 VS 2013,新建一个项目(项目名称为 Project1 或者自定)。

在 VS 2013 中开发程序首先要创建项目,不同类型的程序对应不同类型的项目。

方法 1:在 VS 2013 主界面的菜单栏中选择“文件”→“新建”→“项目”选项[见图 1.1(a)],弹出“新建项目”对话框。

方法 2:在 VS 2013 主界面的右侧窗口选择“新建项目”选项[见图 1.1(b)],弹出“新建项目”对话框。

方法 3:按 Ctrl+Shift+N 组合键,弹出“新建项目”对话框。

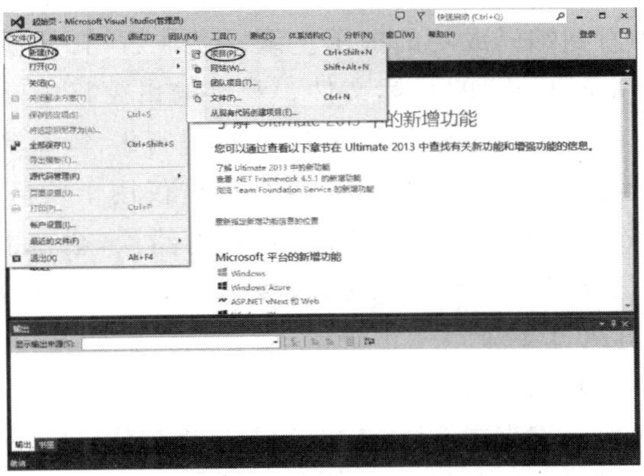

(a) 方法1

图 1.1　新建项目

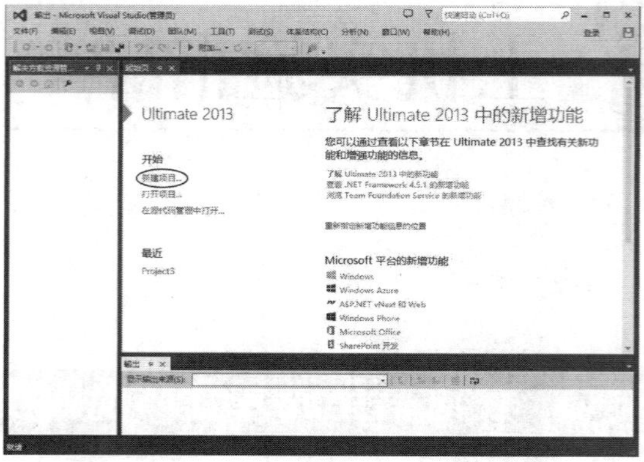

（b）方法2

图 1.1　新建项目(续)

先选择“新建项目”对话框左侧的“常规”选项，再选择该对话框右侧的“空项目”选项，在该对话框下方的“名称”文本框中输入项目的名称“Project1”，并设置保存位置，单击“确定”按钮，出现“解决方案资源管理器”窗口。

(2)在“解决方案资源管理器”窗口左侧的“源文件”选项处右击，在弹出的快捷菜单中选择“添加”→“新建项”选项，或者按 Ctrl＋Shift＋A 组合键，都可弹出“添加源文件”对话框。在左侧选择“Visual C++”选项，在右侧“代码”分类中选择 C++文件(. cpp)，在下面的“名称”文本框中输入“helloworld. c”(也可以改成其他想要的名字，注意扩展名为 . c)。修改完毕后，再单击“添加”按钮就添加了一个新的源文件。

(3)在编辑区输入如下代码。

```
#include <stdio.h>
int main(void)    //void可以不写
{
    printf("hello world! \n");
    return  0;
}
```

(4)完成输入后，先检查代码有无明显错误，然后保存(按 Ctrl＋S 组合键)，在菜单栏中选择“生成”→“编译”选项，或者按 Ctrl＋F7 组合键，都可以完成编译工作。如果代码没有错误，会在下方的“输出窗口”中看到编译成功的提示。编译完成后，打开项目目录下的 Debug 文件夹，会看到一个名为 helloworld. obj 的目标文件。观察输出窗口中显示的编译信息。如果有错误，会出现编译失败的提示，要找出错误并修正，再次进行编译，直到出现编译成功的提示。

(5)编译成功后进行连接，在菜单栏中选择“生成”→“仅用于项目”→“仅连接 Progect1”选项，就完成了 helloworld. obj 的连接工作。如果代码没有错误，会在下方的“输出窗口”中看到连接成功的提示。再次打开项目目录下的 Debug 文件夹，会看到一个名为 helloworld. exe 的文件，这就是最终生成的可执行文件。

(6)运行程序。在菜单栏中选择“调试”→“启动调试”选项，就可以运行程序。VS 2013 提供了一种更加快捷的方式，可以一键完成编译、连接、运行三个动作：单击菜单栏中的“本地 Windows 调试器”按钮，或者按 F5 功能键。运行程序时，会发现结果输出窗口一闪而过。为了方便查看运行结果，可以在 return 0;语句前添加暂停语句。下面对 helloworld. c 进行修改，添加内容。

修改后的 helloworld. c 如下(添加了第 2 行和第 6 行的语句)。

```
#include <stdio.h>
#include <stdlib.h>
int main(void)
{
    printf("hello world! \n");
    system("pause");   //暂停语句
    return  0;
}
```

(7)再次执行步骤(4)～步骤(6)，观察程序运行结果。

(8)退出 VS 2013。

2. 在 VS 2013 上运行一个现有的程序 helloworld. c。

(1)启动 VS 2013，按照前面介绍的方法新建一个项目(项目名称为 Project1 或者自定)。

(2)选择“添加”→“现有项”选项，加载一个 C 源程序(程序名称为 helloworld. c 或者其他)。

(3)执行编译、连接、运行过程，观察程序运行结果。

3. 调试程序。

初学者编写 C 语言程序时，经常会出现错误，而发现和修正这些错误的过程称为调试。C 语言程序的错误一般分为语法错误和逻辑错误。不遵循 C 语言的语法规则就会出现语法错误，比如，将正确的符号放在错误的位置，或者输入错误的符号，都会造成语法错误，编译器可以检查出语法错误。逻辑错误是指运行结果与预期不符的，与程序算法逻辑相关的错误。当正确遵循 C 语言的语法规则，但是结果不正确的时候，那就是出现了逻辑错误，编译器不能检查出逻辑错误。

(1)修改 helloworld. c。

修改后的 helloworld. c 如下(去掉了第 5 行后面的分号)。

```
#include <stdio.h>
#include <stdlib.h>
int main(void)
{
    printf("hello world! \n")
    system("pause");
    return  0;
}
```

(2)执行编译过程，观察编译提示信息，发现编译器检查出了语法错误，如图 1.2 所示。

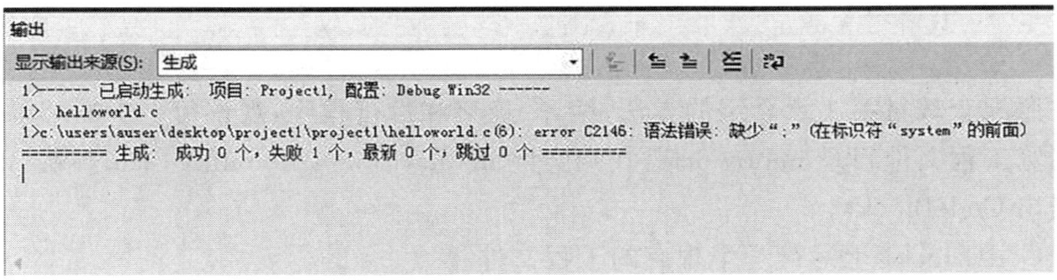

图 1.2　编译提示信息

(3)将第 5 行漏掉的分号补上，执行编译过程，观察编译提示信息。

(4)将第 5 行的一个双引号(")改成中文双引号(“),执行编译过程，观察编译提示信息;再将其改回英文双引号("),执行编译过程,观察编译提示信息。

(5)将第 5 行的 printf 最后的字母 f 去掉,执行编译过程,观察编译提示信息。此时,编译通过,但有一个警告,执行连接过程,观察提示信息。

(6)将上一步骤中去掉的字母 f 补上,再次执行编译、连接、运行过程。

(7)分析以上观察结果,了解语法错误产生的原因。

(8)我们要求在控制台上显示 hello world!,若将第 5 行双引号内的 hello world!\n 改成 hello c!\n,执行编译、连接、运行过程,发现在控制台上显示的是 hello c!,这就是逻辑错误。

注意:编译器在报告编译错误时,可能实际就存在一个错误,却有多个错误报告的情况。例如,某位置上一个真正的语法错误可能导致编译器误认为它发现了其他错误。实际上,不用立刻试图改正发现的所有错误,只需修改前面一个或几个,然后重新编译,其余的某些错误就可能消失。编译器的另一个常见毛病是发现的错误位置比真正的错误位置要滞后一行。例如,编译器要编译下一行时才发现上一行缺少一个分号。因此,如果编译器指出某个具有分号的行少了一个分号,那么请检查上一行。

4. 在 CodeBlocks 上运行一个新的工程文件。

(1)启动 CodeBlocks,按照配套教材第 1 章介绍的方法新建一个工程(工程名称为 helloworld 或者自定)。

(2)在左侧的 Management 窗口中,依次展开 helloworld→Sources→main. c 节点,双击打开 main. c 文件,在右侧的编辑窗口中就显示了 main. c 文件的源代码。

(3)编写如下代码。

```
#include <stdio.h>
#define PI 3.14      //后边不要加分号
double circleArea(int r);
int main(void)
{
    double area;
    area=circleArea(3);
    printf("area=%f\n",area);
    return 0;
}
double circleArea(int r)
{
    double area;
    area=2*PI*r*r;
    return area;
}
```

(4)按照配套教材第 1 章介绍的方法,编译、连接和运行程序,观察每一步的结果。

(5)浏览工程文件目录 helloworld,找到文件 main. c、main. o、helloworld. exe。

(6)退出 CodeBlocks。

5. 在 CodeBlocks 上运行一个现有的工程文件。

(1)启动 CodeBlocks,在菜单栏中选择“File”→“Open”选项,弹出“Open file”对话框,如图 1. 3 所示,在对话框中单击“浏览”按钮,找到现有工程文件(如 helloworld. cbp),打开这个工程文件。

图 1.3 "Open file"对话框

(2)在左侧的 Management 窗口中,依次展开 helloworld→Sources→main.c 节点,双击打开 main.c 文件,在右侧的编辑窗口中就显示了 main.c 文件的源代码。

6. 在 CodeBlocks 上运行一个现有的 C 语言源程序。

(1)启动 CodeBlocks,新建一个工程(如 helloworld.cbp,或者自定),在左侧的 Management 窗口中,依次展开节点,找到 main.c 文件,将 main.c 文件从工程中移去(选中 main.c 文件后,按 Delete 键);或者右击 main.c 文件,在弹出的快捷菜单中选择"Remove file from project"选项。

(2)在左侧窗口中,右击 helloworld 工程名称,弹出快捷菜单,在快捷菜单中选择"Add files"选项,弹出文件浏览窗口,找到要运行的现有的 C 语言源程序,将它添加到工程中。

(3)编译、连接、运行。

7. 在 CodeBlocks 中运行一个现有的 C 语言源程序的另一种方法。

(1)找到要运行的现有的 C 语言源程序(如 main.c),右击,在弹出的快捷菜单中选择"打开方式"→"Code::Blocks IDE"选项,便可打开集成环境,并显示 main.c 文件的源代码。

(2)编译、连接、运行。

8. CodeBlocks 常用操作的快捷键。

(1)编辑部分。

Ctrl + A:全选。

Ctrl + C:复制。

Ctrl + X:剪切。

Ctrl + V:粘贴。

Ctrl + Z:撤销。

Ctrl + S:保存。

Ctrl + Y/Ctrl + Shift + Z:重做。

Ctrl+Shift+C:注释掉当前行或选中块。

Ctrl+Shift+X:解除注释。

Tab:缩进当前行或选中块。

Shift＋Tab：减少缩进。

Ctrl＋滚动鼠标滚轮：放大或缩小字体。

(2)编译与运行部分。

Ctrl＋F9：编译。

Ctrl＋F10：运行上次成功编译后的程序。

Ctrl＋Shift＋F9：编译当前文件(而不是当前打开的工程项目)。

F9：编译并运行当前代码(如果编译错误则会提示错误，而不会运行)。

F8：调试。

F10：全屏。

Ctrl ＋ C：终止正在运行的程序。

Ctrl ＋ Z：终止输入。

(3)界面部分。

Shift ＋ F2：打开左侧导航栏。

F2：打开信息窗口。

实验二　数据类型、运算符与表达式的使用

实验目的

1. 掌握C语言数据类型的概念，熟悉如何定义整型、字符型、实型变量。
2. 掌握C语言常量的概念以及表示方法。
3. 熟悉转义字符的使用方法。
4. 学会使用C语言的算术运算符，能正确地运用它们构成表达式。
5. 掌握进行不同类型的数据运算时数据类型的转换规则。
6. 了解表达式语句，尤其是赋值语句。
7. 掌握printf()、scanf()、putchar()、getchar()函数及格式控制符的使用方法。
8. 进一步熟悉如何编辑、编译、连接和运行一个C语言程序。

实验内容与指导

1. 分析程序，并上机验证运行结果。

(1)

```
#include <stdio.h>
int main( )
{
    char a='\61';
    char b='\141';
    char c='\x31';
    char d='\x61';
```

```
    printf("a=%c,b=%c,c=%c,d=%c\n",a,b,c,d);
    printf("\x68\164\164\x70\x73://\x77\x77\x77.baidu.\x63\157\x6d");
    return 0;
}
```

(2)

```
#include <stdio.h>
int main()
{
    short a=10;
    int b=100;
    long c=9437;
    printf("a=%hd, b=%d, c=%ld\n", a, b, c);
    return 0;
}
```

(3)

```
#include <stdio.h>
int main()
{
    char a='E';  char b=70;  int c=71;  int d='H';
    printf("a:%c, %d\n", a, a);
    printf("b:%c, %d\n", b, b);
    printf("c:%c, %d\n", c, c);
    printf("d:%c, %d\n",d, d);
    return 0;
}
```

(4)

```
#include <stdio.h>
int main()
{
    float a=0.302;    float b=128.101;    double c=123;
    float d=112.64E3;    double e=0.7623e-2;
    float f=1.23002398;
    printf("a=%e\nb=%f\nc=%f\nd=%E\ne=%f\nf=%f\n", a, b, c, d, e, f);
    return 0;
}
```

(5)

```
#include <stdio.h>
int main()
{
    int a=10, b=20, c=30, d=40;
    int a1=++a, b1=b++, c1=--c, d1=d--;
    printf("a=%d, a1=%d\n", a, a1);
```

```
    printf("b=%d, b1=%d\n", b, b1);
    printf("c=%d, c1=%d\n", c, c1);
    printf("d=%d, d1=%d\n", d, d1);
    return 0;
}
```

(6)

```
#include <stdio.h>
int main( )
{
    int a=12, b=1;
    int c=a-(b--);
    int d=(++a)-(--b);
    printf("c=%d, d=%d\n", c, d);
    return 0;
}
```

(7)

```
#include <stdio.h>
int main( )
{
    float PI=3.1415926;
    int s1,r=5;double s2;
    s1=r*r*PI;s2=r*r*PI;
    printf("s1=%d,s2=%f\n",s1,s2);
    return 0;
}
```

(8)

```
#include <stdio.h>
int main( )
{
    int sum=103;                          //总数
    int count=7;                          //数目
    double average;                       //平均数
    average=(double)sum/count;
    printf("Average is %f! \n",average);
    return 0;
}
```

(9)

```
#include <stdio.h>
int main ( )
{
    char c1,c2;
    c1='A';
    c2=c1+32;
```

```
    printf("%c\n",c2);
    printf("%d\n",c2);
    return 0;
}
```

(10)

```
#include <stdio.h>
int main()
{
    int a,b;
    float d,e;
    char c1,c2;
    double f,g;
    long m,n;
    unsigned int p,q;
    a=61;b=62;
    c1='a';c2='b';
    d=3.56;e=-6.87;
    f=3175.890121;g=0.123456789;
    m=50000;n=-60000;
    p=32768;q=40000;
    printf("a=%d,b=%d\nc1=%c,c2=%c\nd=%6.2f,e=%6.2f\n",a,b,c1,c2,d,e);
    printf("f=%15.6f,g=%15.12f\nm=%ld,n=%ld\np=%u,q=%u\n",f,g,m,n,p,q);
    return 0;
}
```

2. 运行下面的程序,若要使 a=3,b=7,x=8.5,y=71.82,c1='A',c2='a',在键盘上应如何输入?

```
#include <stdio.h>
int main()
{
    int a,b;
    float x,y;
    char c1,c2;
    scanf("a=%db=%d",&a,&b);
    scanf("%f%e",&x,&y);
    scanf("%c%c",&c1,&c2);
    return 0;
}
```

通过此题,总结输入数据的规律和容易出错的地方。

3. 假设一个程序的开头如下。

```
#define BOOK "War and Peace"
#include <stdio.h>
int main()
{
```

```
    float cost=12.99;
    float percent=80.0;
```

请构造一个使用 BOOK、cost 和 percent 的 printf()语句，用于打印以下内容。

```
This copy of "War and Pease" sells for $12.99.
That is 80% of list.
```

分析：此程序开头一行用了宏定义，宏名 BOOK 必须放在输出项中才能进行输出，前面的格式控制符需用%s，第二行英文中的%必须用%%进行输出。

4. 从键盘输入 B、O、Y 三个字符，然后把它们输出到屏幕。

分析：

(1)用三个 getchar()函数先后从键盘向计算机输入 B、O、Y 三个字符。

(2)用 putchar()函数输出。

5. 给出三角形的三边长，求三角形的面积。

分析：假设给定的三条边符合构成三角形的条件，可以使用如下求三角形面积的公式。

$$\text{area}=\sqrt{s(s-a)(s-b)(s-c)}$$

其中，$s=(a+b+c)/2$，$a=3.67$，$b=5.43$，$c=6.21$(假定边长为 double 型)。

6. 编写程序，定义整型(int、short、long)、字符型(char)、实型(float、double)等各种数据类型的变量并赋值，然后输出其值和占用的字节数(用 sizeof 运算符)，并通过实验观察系统如何处理整数上溢的情况。

实验三 顺序结构程序设计

实验目的

1. 掌握赋值语句的使用方法。
2. 巩固 scanf()和 printf()函数的使用方法。
3. 熟悉顺序结构编程的基本思想。
4. 进一步熟悉如何编辑、编译、连接和运行一个 C 语言程序。

实验内容与指导

1. 改错题：以下程序有多处错误，若按图 3.1 所示格式输入、输出数据，请在程序的相应位置上改正错误。

```
#include <stdio.h>
int main( )
{
    double a, b, c, s, v ;
    printf(input a, b,c :\n);
    scanf("%d %d %d",a,b,c);
    s=a*b;   /*计算长方形的面积*/
```

```
    v=a*b*c;    /*计算长方体的体积*/
    printf("%d %d %d",a, b,c);
    printf("s=%f\n",s,"v=%d\n",v);
    return 0;
}
```

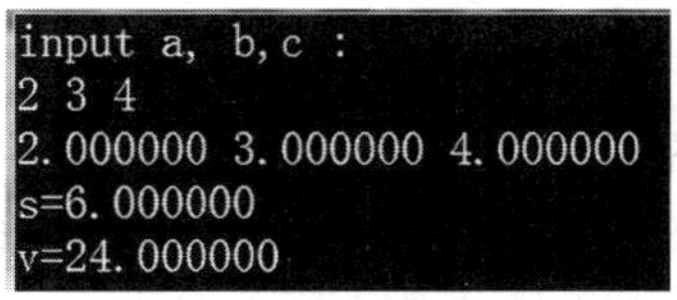

图 3.1　程序输入和运行情况

分析：用 double 型定义的变量，当用 scanf()函数输入数据时，格式控制符要用%lf；用 printf()函数输出数据时，可以用%f 格式控制符，也可以用%lf 格式控制符。

2. 有人用温度计测量出用华氏温标表示的温度（如 64℉），现要求将它转换为以摄氏温标表示的温度（如 17.8℃），请编程实现。

分析：找到二者间的转换公式

$$c=\frac{5}{9}(f-32)$$

其中，f 代表华氏温度，c 代表摄氏温度。

3. 计算存款利息。现有 1000 元，想存一年，有以下 3 种方法可选。

(1)活期，年利率为 r_1。

(2)一年期定期，年利率为 r_2。

(3)两次半年期定期，年利率为 r_3。

请编程分别计算出按上述 3 种方法存一年后得到的本息和。

分析：确定计算本息和的公式。从数学知识可知，若存款额为 p_0，则计算本息和的公式如下。

(1)活期存款，一年后本息和为 $p_1=p_0(1+r_1)$。

(2)一年期定期存款，一年后本息和为 $p_2=p_0(1+r_2)$。

(3)两次半年期定期存款，一年后本息和为 $p_3=p_0\left(1+\frac{r_3}{2}\right)\left(1+\frac{r_3}{2}\right)$。

4. 编程实现逆序输出一个四位整数。例如，输入 1234，输出 4321；输入 1230，输出 0321。

分析：设 n 表示四位整数，则其个位的值是 $n\%10$，十位的值是 $n/10\%10$，百位的值是 $n/100\%10$，千位的值是 $n/1000$。

5. 编写程序，从键盘输入一个圆的面积，计算这个圆的半径并输出，输出保留 2 位小数。再按计算得到的半径，反过来计算圆的面积并输出，以作验算。输出面积时占 10 个字符的宽度，带 5 位小数。

分析：根据圆的面积公式和圆周率可以求得半径，圆周率取 3.14 即可，输出半径时可以用%.2f 格式控制符，输出面积时可以用%10.5f 格式控制符。

实验四　选择结构程序设计

实验目的

1. 理解C语言表示逻辑量的方法(以0代表“假”,以非0代表“真”)。

2. 学会正确使用逻辑运算符和逻辑表达式、关系运算符和关系表达式。

3. 学会运用逻辑表达式或关系表达式等表达条件。

4. 熟练掌握if语句和switch语句。

5. 学习跟踪调试程序,针对具体程序组织并输入测试数据,观察程序运行后能否得到预期的输出结果。

6. 熟悉选择结构程序中语句的执行过程。

实验内容与指导

1. 分析程序结果,并上机验证。

(1)

```
#include <stdio.h>
int main( )
{
    int a=5, b=4, c=3, d;
    d=(a>b>c);
    printf("%d\n",d);
    return 0 ;
}
```

(2)

```
#include <stdio.h>
int main( )
{
    int a=4, b=5, c=0, d;
    d=! a&&! b||! c;
    printf("%d\n", d);
    return 0;
}
```

(3)

```
#include <stdio.h>
int main( )
{
    int a=5,b=4,c=6,d;
    printf("%d\n",d=a>b? (a>c ? a:c):b);
    return 0;
}
```

(4)

```
#include <stdio.h>
int main()
{
    int n='c';
    switch(n++)
    {
        default:printf("error"); break;
        case 'a':case 'A':case 'b':case 'B':printf("good"); break;
        case 'c':case 'C':printf("pass");
        case 'd':case 'D':printf("warn");
    }
    return 0;
}
```

2. 编写程序,从键盘输入字符,若其是数字字符,则转换成数字后输出;否则,输出字符的ASCII码值(分别用if…else语句和条件表达式语句实现)。

3. 有一函数:

$$y=\begin{cases}-1, & x<0\\0, & x=0\\1, & x>0\end{cases}$$

编写程序,输入一个 x 值,输出相应的 y 值。要求至少使用两种方法实现。

分析:

(1)解题思路,方法1——先后用3个独立的if语句处理。

输入 x。

若 $x<0$, 则 $y=-1$。

若 $x=0$, 则 $y=0$。

若 $x>0$, 则 $y=1$。

输出 x 和 y。

(2)解题思路,方法2——用一个嵌套的if语句处理。

输入 x。

若 $x<0$, 则 $y=-1$。

否则

  若 $x=0$, 则 $y=0$。

  否则 $y=1$。

输出 x 和 y。

4. 输入三个数 a、b、c,要求按从小到大的顺序输出。

分析:可以先用伪代码写出算法。

if $a>b$,a 和 b 对换 (a 是 a、b 中的较小数)

if $a>c$,a 和 c 对换 (a 是三个数中的最小数)

if $b>c$,b 和 c 对换 (b 是三个数中的次小数)

顺序输出 a、b、c。

5. 运输公司计算运费。路程 s(单位为 km)越远,折扣越高。

标准如下。

$s<250$	没有折扣
$250\leqslant s<500$	折扣为 2%
$500\leqslant s<1000$	折扣为 5%
$1000\leqslant s<2000$	折扣为 8%
$2000\leqslant s<3000$	折扣为 10%
$3000\leqslant s$	折扣为 15%

分析:设货物的基本运费为 p,货物重为 w,距离为 s,折扣为 d。

总运费 f 的计算公式为 $f=p\times w\times s\times(1-d)$。

可以发现折扣的"变化点"都是 250 的倍数。

令 $c=s/250$,则 c 代表 250 的倍数:

当 $c<1$ 时,表示 $s<250$,无折扣;

$1\leqslant c<2$ 时,表示 $250\leqslant s<500$,$d=2\%$;

$2\leqslant c<4$ 时,$d=5\%$;

$4\leqslant c<8$ 时,$d=8\%$;

$8\leqslant c<12$ 时,$d=10\%$;

$c\geqslant 12$ 时,$d=15\%$。

可用 switch 语句来实现。

实验五 用 while 与 do…while 语句实现循环

实验目的

1. 掌握利用 while 语句实现循环的方法。
2. 掌握利用 do…while 语句实现循环的方法。
3. 理解循环结构中语句的执行过程。
4. 学会跟踪调试程序。

实验内容与指导

1. 阅读下列程序,分析其输出结果,并上机验证。

(1)

```
#include <stdio.h>
#define M 100
int main( )
{
    int i=0,sum=0;
    do
```

```
    {
        if(i==i/5*5) continue;
        sum+=i;
    }while(++i<M);
    printf("%d\n",sum);
    return 0;
}
```

分析:此程序的功能是将 100 以内不是 5 的倍数的正整数相加,输出这些数的总和。

(2)

```
#include <stdio.h>
int main( )
{
    int n=0;
    scanf("%d", &n);
    while (n)
    {
        printf("%d ",n%10);
        n=n/10;
    }
    return 0;
}
```

分析:此程序的功能是从键盘随机输入一个整数,倒序输出其每一位数字。

(3)

```
#include <stdio.h>
int main( )
{
    char ch;
    int upp,low,dig,spa,oth;
    upp=low=dig=spa=oth=0;
    while((ch=getchar())!='\n')
    {
        if(ch>='A'&& ch<='Z')
            upp++;
        else if(ch>='a'&& ch<='z')
            low++;
        else if(ch>='0' && ch<='9')
            dig++;
        else if(ch==' ')
            spa++;
        else
            oth++;
    }
    printf("\nupper case:%d\n",upp);
    printf("lower case:%d\n",low);
```

```
    printf("digit:%d\n",dig);
    printf("space:%d\n",spa);
    printf("other:%d\n",oth);
    return 0;
}
```

分析：此程序的功能是从键盘输入一个字符串，分别统计其大写字母、小写字母、数字、空格和其他字符的个数，以回车键结束字符串的输入。

2. 程序填空题。

(1)现有一等差数列，已知第一项 $a=1$，公差 $b=4$，下面程序的功能是求满足前 n 项之和小于 100 的最大正整数 n。请填空。

```
#include <stdio.h>
int main()
{
    int a=1,b=4,sum=1,n=1;
    /***********SPACE***********/
    while(____【?】____)
    {   a=a+b;
        sum=sum+a;
        /***********SPACE***********/
        ____【?】____;
    }
    printf("%d",n-1);
    return 0;
}
```

(2)已知斐波那契(Fibonacci)数列：1,1,2,3,5,8,…，它可由下面的运算公式表述。

$F(1)=1$

$F(2)=1$

$F(n)=F(n-1)+F(n-2) \qquad (n>2)$

以下程序的功能是求 $F(1)+F(3)+F(5)+\cdots+F(49)$ 的值。请填空。

```
#include <stdio.h>
int main()

{
    /***********SPACE***********/
    double f1,f2,____【?】____;
    int i=1;
    f1=1;f2=1;
    do
    {   f1=f1+f2;
        sum=sum+f1;
        /*********SPACE**********/
        ____【?】____;
        i++;
```

```
    }while(i<=24);
    printf("\n the number is :%12.0lf",sum);
    return 0;
}
```

分析：此程序的功能是求数列的 25 个奇数项之和，每次循环求出两项，只累加奇数项，循环只做了 24 次，因而 sum 的初始值应为 1。

3. 编程题。

(1)求所有水仙花数的和。所谓水仙花数，是指一个三位数，其各位数字的立方和等于该数本身。例如，153 是一个水仙花数，因为 $153=1^3+5^3+3^3$。

分析：此题主要是求出三位数的百位、十位、个位，设 n 是三位数，则其百位为 $n/100$，十位为 $n/10\%10$，个位为 $n\%10$。

(2)求满足下列条件的所有四位数 $ABCD$ 的个数，该四位数是 16 的倍数，且 $B=8$，$A+B=B+C$，即第一位数加上第二位数等于第二位数加上第三位数。

(3)所谓同构数，是指这样一个数，它出现在它的平方数的右侧。例如，5 的平方是 25，25 的平方是 625，故 5 和 25 都是同构数(1 不是同构数)。求 1000 以内所有同构数的个数，以及所有同构数的和。

分析：设 n 代表被求的数，关键就是要看 $n==n*n\%k$ 是否成立，若上式成立，n 就是同构数。k 的取值是：当 n 为一位数时，k 的值为 10；当 n 为两位数时，k 的值为 100，当 n 为三位数时，k 的值为 1000。

实验六 用 for 语句实现循环

实验目的

1. 掌握利用 for 语句实现循环的方法。
2. 理解 for 循环结构中语句的执行过程。
3. 学会跟踪调试程序。

实验内容与指导

1. 阅读下列程序，分析其输出结果，并上机验证。

(1)

```
#include <stdio.h>
int main()
{
    int s, i;
    for(s=0,i=1;i<=100; s+=i,i++);
    printf("%d\n",s);
    return 0;
}
```

(2)

```
#include <stdio.h>
int main( )
{
    int i;
    char c;
    for(i=0;i<=5;i++)
    {
        c=getchar();
        putchar(c);
    }
    return 0;
}
```

(3)

```
#include <stdio.h>
#include <math.h>
int main( )
{
    int i, n;
    for(i=2;i<=50;i++)
    {
        for(n=2; n<=(int)sqrt(i); n++)
            if(i%n==0)
                break;
        if(n==(int)sqrt(i)+1)
            printf("%d   ", i);
    }
    return 0;
}
```

(4)

```
#include <stdio.h>
int main( )
{
    int i, j, x=0;
    for(i=0;i<2;i++)
    {
        x++;
        for(j=0;j<3;j++)
        {
            if(j%2) continue;
            x++;
        }
        x++;
    }
    printf("i=%d,x=%d\n",i,x);
    return 0;
}
```

2．程序改错题。

（1）下面的程序用于求如下表达式的值。

$s=1+1/3+(1\times2)/(3\times5)+(1\times2\times3)/(3\times5\times7)+\cdots+(1\times2\times3\times\cdots\times n)/[3\times5\times7\times\cdots\times(2\times n+1)]$

请修改程序中的错误，并运行修改后的程序。当 $n=20$ 时，求程序的输出结果（按四舍五入法保留 10 位小数）。

```
#include <stdio.h>
int main( )
{
    double s, t; int i;
    /**********FOUND**********/
    s=0.0; t=1.0;
    for(i=1;i<=20; i++)
    {
        /**********FOUND**********/
        t=t*i/(2*i-1);
        s+=t;
    }
    printf("\n %12.10lf", s);
    return 0;
}
```

（2）下面的程序用于求如下表达式的值。

$S=\mathrm{sqrt}(\ln(1)+\ln(2)+\ln(3)+\cdots+\ln(n))$

请改正程序中的错误，并运行修改后的程序。当 $n=40$ 时，给出程序的输出结果（按四舍五入法保留 6 位小数）。提示：C 语言中用 log() 函数来求以 e 为底的对数。

```
#include <stdio.h>
#include <math.h>
int main( )
{
    /**********FOUND**********/
    double s=1.0; int i;
    for(i=1;i<=40;i++)
    s+=log(1.0*i);
    s=sqrt(s);
    /**********FOUND**********/
    printf("%ld\n",s);
    return 0;
}
```

3．编程题。

（1）求各位数字的平方和等于 100 的四位数的个数及其和。

（2）求[100,999]区间能被 3 整除，且至少有 1 位数字是 8 的所有正整数的个数及其和。

（3）所谓回文数，是指从左至右与从右至左读起来都是一样的数字，如 121 是一个回文数。编写程序，求出 100～900 之间的所有回文数的个数及其和。

分析：此题只需判断百位与十位相等的数的个数即可。

(4)有如下数列：

$E(1)=E(2)=1$

$E(n)=(n-1)\cdot E(n-1)+(n-2)\cdot E(n-2) \qquad (n>2)$

该数列称为E数列，每一个 $E(n)(n=1,2\cdots)$ 称为E数。求[1,30000]区间内E数的个数。

分析：最小的两个E数均为1，可设 n 为计数器，初始值为2，可以将循环的终值稍微设大一些，循环体内每求一个数就进行判断，如果该数小于或等于30000，就累加，即 n++，否则就退出循环(break)。最终 n 的值就是E数的个数。

实验七　多重循环的应用

实验目的

1. 掌握利用while、do…while、for语句来嵌套实现循环的方法。
2. 理解多重循环结构中语句的执行过程。
3. 学会跟踪调试程序。

实验内容与指导

1. 程序填空题。

(1)24有8个因子，而24正好能被8整除。求[1,200]之间所有能被其因子的个数整除的整数之和。请填空。

```
#include <stdio.h>
int main( )
{
    int a,b,c,sum=0;
    /*********SPACE**********/
    for (_____【?】_____)
    {
        b=0;
        for (c=1;c<=a;c++)
        if (a%c ==0)
        /*********SPACE**********/
            _____【?】_____;
        if (a%b==0)
        sum=sum+ a;
    }
    printf("%d\n ",sum);
    return 0;
}
```

(2)若某个整数 N 的所有因子之和等于 N 的倍数，则称 N 为多因子完备数。例如，28是多因子完备数，因为 1+2+4+7+14+28=56=28×2。求[10,800]之间有多少个多因子完备数。请填空。

```
#include <stdio.h>
int main( )
{
    int a,b,c, count=0;
    for (a=10; a<=800; a++)
    {
        /*********SPACE**********/
        ____【?】____;
        for (c=1;c<=a;c++)
            if (a%c ==0)
                b=b+c;
        if (b%a==0)
        /*********SPACE**********/
            ____【?】____;
    }
    printf("\n count=%d",count);
    return 0;
}
```

2. 编程题。

(1)将一张 100 元的钞票，换成 5 元、1 元、0.5 元的钞票后一共有 100 张，问 5 元、1 元、0.5 元的钞票各有几张？

分析：可以通过数学计算得到，5 元的钞票顶多 11 张。令 x、y、z 分别代表 5 元、1 元、0.5 元的钞票张数，根据已知条件，可以列出两个数学方程，利用代入消元法，变成一个方程，然后利用两重循环实现即可。另外，0.5 元的钞票的数量必然是偶数张。

(2)求方程 $8x-5y=3$ 在 $|x|\leqslant 150$，$|y|\leqslant 200$ 内的整数解。这样的整数解中 $|x|\cdot|y|$ 的最大值是多少？

分析：x 的取值范围为 $-150\sim150$，y 的取值范围为 $-200\sim200$。令 max 表示要求的最大值，设其初值为 0。每求到一组 x、y，将 $|x|\cdot|y|$ 与 max 进行比较，如果前者的乘积大于 max，则将其赋值给 max，最后 max 为所求的值。求绝对值的函数为 fabs()。

(3)求共有几组 i、j、k 符合算式 $ijk+kji=1333$，其中 i、j、k 是 0～9 之间的一位整数。

分析：等式中 ijk 和 kji 都表示一个三位数。例如，ijk 可用 $i\times100+j\times10+k$ 来表达。

(4)设有十进制数字 a、b、c、d 和 e，它们满足下列式子：$abcd\times e=bcde$（a 不等于 0，e 不等于 0 或 1)，求满足上述条件的最大四位数 $abcd$ 的值。

分析：此题可以从最大的四位数 9999 开始逆序查找，对于每个四位数，求出其百位 b、十位 c 和个位 d，e 的取值范围是 2～9。利用两重循环求解，当求到第一个满足条件的四位数时，停止所有循环，此时的四位数就为所求的值。

(5)若两个自然连续数的乘积减 1 后是素数，则称这两个自然连续数为友数对，该素数称为友素数，如 2×3-1=5，因此 2 与 3 是友数对，5 是友素数。求[2,49]之间友数对的数目。

分析：设 n 代表自然数，只要求 $n\cdot(n+1)-1$ 是不是素数即可。

(6)若一个四位正整数是另一个正整数的平方，且该四位数的各位数字的和是一个平方数，则称该四位正整数是四位双平方数。例如，由于 $7396=86^2$，且 $7+3+9+6=25=5^2$，则称 7396 是四位双平方数。若将所有四位双平方数按升序排列，求前 10 个四位双平方数的和。

分析：此题的关键是如何判断一个正整数是另一个正整数的平方。设 n 代表四位正整数，先将 n 开平方，取整后赋值给变量 b，使用 int b=sqrt(n)语句即可，再看 b^2 等于 n 是否成立，如果成立，则 n 就是一个平方数，再求出 n 的各位的和，用同样的方法去判断和是不是平方数即可。

(7)某些分子和分母都是两位正整数的真分数，具有下列特点：如果将该分数的分子的两位数字相加作分子，而将该分数的分母的两位数字相加作分母，得到的新分数跟原分数相等。例如，63/84=(6+3)/(8+4)。试求所有具有这种特点的真分数(非约简真分数)的分子与分母之和的和。

分析：此题中的分子、分母 4 个数分别用 4 个变量代表，等式利用两内项之积等于两外项之积去掉分母实现即可。

实验八　一维数组和二维数组的使用

实验目的

1. 掌握一维数组和二维数组的定义、赋值及输入输出的方法。
2. 掌握与数组有关的算法，特别是排序算法。

实验内容与指导

1. 写出程序的输出结果，然后上机验证。

(1)

```
#include <stdio.h>
int main()
{
    static int number[10];
    int index;
    number[0]=197;
    number[2]=-100;
    number[5]=350;
    number[3]=number[0]+number[5];
    number[9]=number[5]/10;
    --number[2];
    for(index=0;index<10;++index)
        printf("number[%d]=%d\n",index, number[index]);
    return 0;
}
```

（2）

```
#include <stdio.h>
int main( )
{
    int i, j, a[5][5];
    for(i=0;i<5;i++)
    {
        a[i][0]=a[i][i]=1;
        for(j=1;j<i;j++)
            a[i][j]=a[i-1][j-1]+a[i-1][j];
    }
    for(i=0; i<5;i++)
    {
        printf("\n");
        for(j=0;j<i;j++)
            printf("%d  ",a[i][j]);
    }
    return 0;
}
```

（3）

```
#include <stdio.h>
int main( )
{
    int i, j, t;
    int a[4][4]={11,22,33,44,1,2,3,4,10,20,30,40,12,22,32,42};
    for(i=0;i<4;i++)
        for(j=0;j<i;j++)
        {
            t=a[i][j];
            a[i][j]=a[j][i];
            a[j][i]=t;
        }
        for(i=0;i<4;i++)
        {
            for(j=0;j<4;j++)
                printf("%d",a[i][j]);
            printf("\n");
        }
    return 0;
}
```

（4）假设举办一次电话调查，了解人们对某一电视节目的意见，请他们按 1～10 的等级范围对这一电视节目作出自己的评价。与 5000 人交谈之后，积累了一份有 5000 个数据的调查单。分析调查结果，分别统计对这一电视节目评价为 1，2，…，10 的人数。

运行下列程序，并输入数据 6、5、8、3、9、6、5、7、5、5、1、7、4、10、5、5、6、8、9、6，验证运行结果。

```
#include <stdio.h>
int main( )
{
    int grade[11]={0};
    int i,response;
    printf("Enter your responses\n");
    for (i=1;i<=20;++i)
    {
        scanf("%d",&response);
        ++grade [response];
    }
    printf("\n\nRating Number of Responses\n");
    printf("----------------\n");
    for (i=1;i<=10;++i)
        printf("%4d    %d\n",i,grade[i]);
    return 0;
}
```

(5)

```
#include <stdio.h>
int main( )
{
    int i,j,t,a[4][4]={11,22,33,44,1,2,3,4,10,20,30,40,12,22,32,42};
    for (i=0;i<4;i++)
        for(j=0;j<i;j++)
        {
            t=a[i][j];
            a[i][j]=a[j][i];
            a[j][i]=t;
        }
    for(i=0;i<4;i++)
    {
        printf("\n");
        for(j=0;j<4;j++)
            printf("%d  ",a[i][j]);
    }
    printf("\n");
    return 0;
}
```

2. 程序填空题。

(1)下面程序的功能是利用数组计算并存储 Fibonacci 数列的前 40 项，每行输出 4 项。请填空。

```
#include <stdio.h>
int main( )
{
```

```
    long int a[40]={1,1};
    int i;
    for(i=2;i<40;i++)
    /*********SPACE**********/
        a[i]= ____【?】____;
    for(i=0;i<40;i++)
    {
    /*********SPACE**********/
        if(____【?】____)
            printf("\n");
        printf("%10ld",a[i]);
    }
    return 0;
}
```

(2)下面程序的功能是检查一个 $N\times N$ 的矩阵是否对称(判断是否所有的 a[i][j]都等于 a[j][i])。请填空。

```
#define N 4
#include <stdio.h>
int main( )
{
    int a[N][N]={1,2,3,4,2,2,5,6,3,5,3,7,4,6,7,4};
    int i,j,found=0;
    for(j=0;j<N-1; j++)
    /*********SPACE**********/
        for(____【?】____;i<N; i++)
            if(a[i][j]! =a[j][i])
            {
            /*********SPACE**********/
                ____【?】____;
                break;
            }
    if(found) printf("No");
    else printf("Yes");
    return 0;
}
```

(3)下面程序的功能是输入一个 3×3 的实数矩阵,求两条对角线元素中各自的最大值。请填空。

```
#include <stdio.h>
int main( )
{
    float s[3][3],max1,max2,x;
    int i,j;
    for(i=0;i<3;i++)
        for(j=0;j<3;j++)
```

```
        {
            scanf("%f",&x);s[i][j]=x;
        }
    /*********SPACE**********/
    max1= ____【?】____;
    for(i=1;i<3;i++)
        if(max1<s[i][i])  max1=s[i][i];
    /*********SPACE**********/
    max2= ____【?】____;
    if(max2<s[1][1]) max2=s[1][1];
    if(max2<s[2][0]) max2=s[2][0];
    printf("max1=%f\n",max1);
    printf("max2=%f\n",max2);
    return 0;
}
```

3. 编程题。

(1)已知一个一维整型数组 a 中的 10 个数已按从小到大的顺序排列，要求删去一维数组中所有重复的数，使每个数只保留一个。

分析：此题如果依然要用 a 数组来操作，就将不同的那些数移到前面依次存储，记下不同的数的个数，最后输出时，只输出这些不同的数。但其实数组后边还是有数据的，只是不将它们输出来。移动的关键语句是 if(a[j]!＝a[i])　a[++j]＝a[i]，i 是循环变量，从 1 到 9 循环，i、j 的初值均为 0，最后不同的数的个数就是 j＋1 个。当然，也可以将不同的数放到 b 数组中，然后输出 b 数组中的数据。

(2)一个已排好序的数组 a 中已有 10 个数，要求输入一个新数后，按原来的规律将它插入数组中。

分析：假定数组为升序，n 为要插入的数，设 end 表示数组中最后一个数的下标，在数组中找待插入元素的位置。具体的方式——从后往前依次与数组中的元素进行比较，如果要插入的元素 n 比 end 位置的数据小，则 n 一定插在 end 位置之前，因此将 end 位置的数据往后移动一个位置；如果 n 大于 end 位置的数据或者 end 位置的值为 0 了，则找到位置，最后将新数据插入 end＋1 的位置即可。关键代码如下。

```
int end=9;
while(end>=0&&n<a[end])
{
    a[end+1]=a[end];
    end--;
}
array[end+1]=n;
```

(3)给定二维数组 a[3][4]，输入数据并将元素按照行序存入一维数组 b 中。

(4)用选择排序法对 10 个整数按从小到大的顺序排列。

分析：选择排序法的思路——设有 10 个元素 a[1]～a[10]，将 a[1]与 a[2]～a[10]进行比较，若 a[1]比 a[2]～a[10]都小，则不进行交换，即无任何操作。若 a[2]～a[10]中有一个以上的元素比 a[1]小，则将其中最小的一个（假设为 a[i]）与 a[1]进行交换，此时 a[1]中存放了 10 个元素中最小的数。第 2 轮将 a[2]与 a[3]～a[10]进行比较，将剩下的 9 个数中的最小者 a[i]与 a[2]交换，此时 a[2]中存放的是 10 个元素中第二小的数。以此类推，共进行 9 轮比较，a[1]～a[10]就按从小到大的顺序存放了。

实验九　字符数组和字符串函数的使用

实验目的

1. 理解字符数组和字符串的概念。
2. 掌握字符数组的定义、初始化、赋值和输入输出的方法。
3. 掌握字符数组的处理方法。
4. 掌握字符串函数的使用方法。

实验内容与指导

1. 写出程序的输出结果，然后上机验证。

（1）

```
#include <stdio.h>
#include <string.h>
int main( )
{
    char p[20]={'a', 'b', 'c', 'd'}, q[]="abc", r[]="abcde";
    strcat(p, r);
    strcpy(p+strlen(q), q);
    printf("%d\n", strlen(p));
    return 0;
}
```

（2）

```
#include <stdio.h>
#include <string.h>
int main( )
{
    char a[]={'a','b','c','d','e','f','g','h','\0'};
    int i,j;
    i=sizeof(a);
    j=strlen(a);
    printf("%d,%d\n",i,j);
    return 0;
}
```

(3)

```
#include <stdio.h>
int main( )
{
    char w[20];
    char a[5][10]={"abcdef", "ghijkl", "mnopq", "rstuv", "wxyz"};
    int i,j;
    for(i=0;i<5;i++)
    {
        j=0;
        while(a[i][j]!='\0')   j++;
        w[i]=a[i][j/2+1];
    }
    w[5]='\0';
    puts(w);
    return 0;
}
```

(4)

```
#include <stdio.h>
#include <string.h>
int main( )
{
    int i;
    char a[]="How are you! ";
    for (i=0;a[i];i++)
        if (a[i]==' ')
        {
            strcpy(a,&a[i+1]);
            i=0;
        }
    printf("%s\n",a);
    return 0;
}
```

(5)

```
#include <stdio.h>
int main( )
{
    char a[]="ab12cd34ef";
    int i, j;
    for(i=j=0;a[i];i++)
        if(a[i]>='a'&&a[i]<='z')
            a[j++]=a[i];
    a[j]='\0';
    printf("%s\n",a);
    return 0;
}
```

(6)

```
#include <stdio.h>
#include <string.h>
int main()
{
    char c='a',t[]="you and me";
    int n,k,j;
    n=strlen(t);
    for(k=0;k<n;k++)
        if(t[k]==c)
            {j=k;break;}
        else
            j=-1;
    printf("%d",j);
    return 0;
}
```

2. 程序填空题。

下面程序的功能是将字符数组 a 中下标值为偶数的元素按从小到大的顺序排列,其他元素不变。请填空。

```
#include <stdio.h>
int main( )
{
    char a[]="clanguage",t;
    int i,j,k;
    k=strlen(a);
    for(i=0;i<=k-2;i+=2)
    /***********SPACE***********/
        for(j=i+2;j<=k; ____【?】____ )
    /***********SPACE***********/
            if( ____【?】____ )
                { t=a[i];a[i]=a[j];a[j]=t;}
    puts(a);
    printf("\n");
    return 0;
}
```

3. 编程题。

(1)任意输入两个字符串,分别存放在 a、b 两个字符数组中,然后将较短的字符串放在 a 数组中,将较长的字符串放在 b 数组中,并输出。

分析:利用 strlen()函数比较字符串的长短,借用一个临时字符数组,利用 strcpy()函数便可实现。

(2)对从键盘输入的任意字符串,将其中所有的大写字母改为小写字母,将所有的小写字母改为大写字母,其他字符不变。例如,输入"Hello World!",输出"hELLO wORLD!"。

分析:将大写字母改为小写字母时,只需将字符的 ASCII 码值加 32 重新赋值;将小写字母改为大写字母时,只需将字符的 ASCII 码值减 32 重新赋值即可。

(3)将字符数组 b 中的全部字符复制到字符数组 a 中,不用 strcpy()函数。复制时,'\0'也要复制过去。'\0'后面的字符不复制。

分析:将 b 数组中第一个'\0'前的字符,直接采用赋值的方法赋给 a 数组,最后在 a 数组末尾加一个'\0'即可。

(4)有 3 个字符串,要求找出其中的最小者(用二维字符数组存放 3 个字符串)。

分析:用二维数组 str 的每一行存放一个字符串,利用 gets(str[i])(i 为循环变量)函数输入 3 个字符串,借助一个字符数组 t,利用 strcmp()函数对第 1 个和第 2 个字符串进行比较,将小的字符串利用 strcpy()函数复制到 t 数组中,再将 t 数组与第 3 个字符串进行比较,保留小的字符串放到 t 数组中,最后输出 t 数组即可。

实验十　函数的定义与调用

实验目的

1. 掌握函数定义的方法。
2. 掌握函数声明的方法。
3. 掌握函数调用的方法。
4. 掌握实参和形参的对应关系,以及值传递方式。

实验内容与指导

1. 写出程序的输出结果,然后上机验证。

(1)

```
#include <stdio.h>
void swap(int a,int b)
{
    int t;
    printf("(2) in swap:a=%d,b=%d\n",a,b);
    t=a;
    a=b;
    b=t;
    printf("(3) in swap:a=%d,b=%d\n",a,b);
}
int main( )
{
    int t,x=2,y=5;
    printf("(1) in main:x=%d,y=%d\n",x,y);
    swap(x,y);
    printf("(4) in main:x=%d,y=%d\n",x,y);
    return 0;
}
```

（2）

```
#include <stdio.h>
int sub(int x)
{
    int y=0;
    static int z=0;
    y+=x++; z++;
    printf("%d,%d,%d",x,y,z);
    return y;
}
int main()
{
    int i;
    for(i=0;i<3;i++)
        printf("%d\n",sub(i));
    return 0;
}
```

（3）

```
#include <stdio.h>
int func(int a, int b)
{
    int c;
    c=a+b;
    return c;
}
int main()
{
    int x=6, y=7, z=8, r;
    r=func((x--,y++,x+y),z--);
    printf("%d\n",r);
    return 0;
}
```

（4）

```
#include <stdio.h>
#define FUE(K) K+3.14159
#define PR(a) printf("a=%d\t",(int)(a))
#define PRINT(a) PR(a)
int main()
{
    int x=2;
    PRINT(x*FUE(4));
    return 0;
}
```

2. 程序填空题。

(1)在下列给定的程序中,函数 fun()的功能是将形参 n 中各位上为偶数的数取出,并按与原来从高位到低位相反的顺序组成一个新数,作为函数值返回。请填空。

例如,输入一个整数 27638496,函数返回值为 64862。

```
#include <stdio.h>
unsigned long fun(unsigned long n)
{
    unsigned long x=0; int t;
    while(n)
    {
        t=n%10;
        /**********SPACE**********/
        if( t%2== ____【?】____ )
            /**********SPACE **********/
            x= ____【?】____ +t ;
        /**********SPACE **********/
        n= ____【?】____ ;
    }
    return  x;
}
int main( )
{
    unsigned long  n=-1;
    while(n> 99999999||n<0)
    {
        printf("Please input(0<n<100000000): ");
        scanf("%ld",&n);  }
    printf("\nThe result is: %ld\n",fun(n));
    return 0;
}
```

分析:变量 t 用来存放某数各位的数值,要判断 t 是不是偶数,即判断 t 对 2 求余的结果是不是 0。将 t 作为 x 的个位数,原来 x 的各位上升 1 位,即 x=10 * x+t。每循环一次,通过除法运算,去掉数值的最后一位。

(2)在下列给定的程序中,函数 fun()的功能是进行数字字符转换。若形参 ch 中是数字字符'0'～'9',则将'0'转换成'9','1'转换成'8','2'转换成'7',…,'9'转换成'0',若是其他字符则保持不变,并将转换后的结果作为函数值返回。请填空。

```
#include <stdio.h>
/**********SPACE **********/
____【?】____ fun(char ch)
{
/**********SPACE **********/
   if (ch> ='0' && ____【?】____ )
/**********SPACE **********/
      return  '9'-(ch- ____【?】____ );
```

```
    return  ch;
}
int main( )
{
    char c1, c2;
    printf("\nThe result :\n");
    c1='2';  c2=fun(c1);
    printf("c1=%c  c2=%c\n", c1, c2);
    c1='8';  c2=fun(c1);
    printf("c1=%c c2=%c\n", c1, c2);
    c1='a'; c2=fun(c1);
    printf("c1=%c  c2=%c\n", c1, c2);
    return 0;
}
```

分析:定义函数时,类型标识符指明了本函数的类型,此题中函数的类型实际上是函数返回值的类型。通过 if 条件语句判断字符串中的字符是不是数字字符,既大于或等于字符'0',同时小于或等于字符'9'。return 语句用于完成函数的返回操作。

(3)下列给定的程序中,函数 fun()的功能是根据形参的值返回某个函数的值。当调用正确时,程序输出结果如下:x1 = 5.000000,x2 = 3.000000,x1 * x1 + x1 * x2 = 40.000000。请填空。

```
#include <stdio.h>
double f1(double  x)
{
    return x*x;
}
double f2(double  x, double  y)
{
    return  x*y;
}
/***********SPACE***********/
____【?】____ fun(int i, double x, double y)
{
    if (i==1)
    /***********SPACE***********/
        return ____【?】____ (x);
    else
    /***********SPACE***********/
        return ____【?】____ (x, y);
}
int main( )
{
    double x1=5, x2=3, r;
    r=fun(1, x1, x2);
    r+=fun(2, x1, x2);
    printf("\nx1=%f, x2=%f, x1*x1+x1*x2=%f\n\n",x1, x2, r);
    return 0;
}
```

分析：函数 fun()的返回值，根据 return 语句可知，不论返回的是 f1()函数的值，还是 f2()函数的值，它们的返回值均为 double 型。fun()函数的功能是根据形参的值返回某个函数的值，当 i 等于 1 时，应该返回的是 f1()函数的值。当 i 不等于 1 时，应该返回 f2()函数的值。

(4)下列给定的程序中，函数 fun()的功能是判断输入的任何一个正整数 n，是否等于某个连续正整数序列之和。若是，则输出所有可能的序列，否则输出“不能分解”。请填空。

例如，当输入 100 时，输出：100＝9＋10＋11＋12＋13＋14＋15＋16

100＝18＋19＋20＋21＋22

```
#include <stdio.h>
void fun(int n )
{
    int j, b, c, m, flag=0;
    for (b=1; b<=n/2; b++)
    {
        /***********SPACE***********/
        ____【?】____ ;
        c=b;
        while (m !=0 && m>=c)
        {
        /***********SPACE***********/
            m = ____【?】____ ;
            c++;
        }
        /***********SPACE***********/
        if ____【?】____)
        {
            printf("%d=", n);
            for (j=b; j<c-1; j++)
            printf( "%d+", j);
            printf("%d\n", j);
            flag=1;
        }
    }
    if(flag==0)
        printf("不能分解\n");
}
int main( )
{
    int n;
    printf("请输入一个正整数:\n ");
    scanf("%d", &n);
    fun(n);
    return 0;
}
```

分析：每次循环时，程序需要对 n 执行减去连续的正整数序列的操作，判断 n 是否刚好为 0，即 n 是不是连续的正整数序列之和。因此，需要使用临时变量 m 寄存 n 的值，每次循环对 m

执行减运算，不满足则继续下一轮循环。程序声明变量 m 时，未初始化它的值，所以它的初值应该为 n。当 m 的值变为 0 时，说明 n 可以拆分为连续的自然数的和。

(5)下列给定的程序中，函数 fun()的功能是根据形参 ch 中指定的大写英文字母，按顺序打印 3 个相邻的字母，指定的字母位于中间。若指定的字母为 Z，则输出 YZA；若指定的字母为 A，则输出 ZAB。请填空。

```
#include <stdio.h>
void fun(char ch)
{
    char t[3];
    int i;
    t[1]=ch;
    /****************SPACE*******************/
    if (ch=='Z')    {  t[2]='A';  t[0]= ____【?】____;  }
    /****************SPACE*******************/
        else if (ch=='A')  {t[2]='B';   t[0]= ____【?】____; }
    /****************SPACE*******************/
        else { t[0]=ch- 1;  t[2]= ____【?】____;}
    for(i=0;i<3; i++) putchar(t[i]);
    putchar('\n');
}
int main( )
{
    char c;
    do
    {
        printf(" enter a upper letter:");
        c=getchar();
    }while(! isupper(c));
    fun(c);
    return 0;
}
```

分析：main()函数用于保证输入的字符是大写字母，然后将大写字母传给 fun()函数，由题意可知对于大写字母 ch，需要处理以下 3 种情况。

当 ch 为大写字母'Z'时，输出 3 个相邻字母 YZA；当 ch 为大写字母'A'时，输出 3 个相邻字母 ZAB；对于其他大写字母，输出 3 个相邻字母 ch－1、ch、ch＋1。

3. 编程题。

(1)编写一个函数 int wanshu(int n)，此函数用来判断 n 是不是完数。若 n 是完数，则函数返回 1；若 n 不是完数，则函数返回 0。如果一个数恰好等于它的所有真因子之和，这个数就称为完数。例如，6 的真因子为 1、2、3，而 6＝1＋2＋3，因此，6 是完数。

(2)编写一个函数 int shuzihe(int n，int m)，若 m＝1，则返回 n 的每一位数字的和；若 m＝2，则返回 n 的每一位数字的平方和；若 m＝3，则返回 n 的每一位数字的立方和。

实验十一　函数的嵌套调用和递归调用

实验目的

1. 进一步掌握函数定义的方法。
2. 进一步掌握函数调用的方法。
3. 进一步掌握实参和形参的对应关系。
4. 掌握数组元素和数组名作为函数参数的使用方法。
5. 熟悉函数的嵌套调用和递归调用的方法。
6. 掌握局部变量和全局变量的使用方法。

实验内容与指导

1. 写出程序的输出结果，然后上机验证。

(1)

```
#include <stdio.h>
int strle(char a[], char b[])
{
    int num=0, n=0;
    while(a[num]!='\0') num++;
    while(b[n] !='\0')
    {
        a[num]=b[n];
        num++;
        n++;
    }
    return(num);
}
int main( )
{
    char str1[81], str2[81];
    gets(str1);
    gets(str2);
    printf("%d \n", strle(str1, str2));
    return 0;
}
```

(2)

```
#include <stdio.h>
static int x=20;
void f1(int x)
{
```

```
    x+=10;
    printf("%d..f1()\n",x);
}
void f2( )
{
    x+=10;
    printf("%d..f2()\n",x);
}
int main( )
{
    int x=10;
    f1(x);
    f2( );
    printf("%d...main()\n",x);
    return 0;
}
```

(3)

```
#include <stdio.h>
void f(int j)
{
    static int a=10;
    int b=1;
    b++;
    printf("%d+%d+%d=%d\n",a,b,j,a+b+j);
    a+=10;
}
int main( )
{
    int i;
    void f(int);
    for(i=1;i<=4;i++)
        f(i);
    return 0;
}
```

2. 程序填空题。

(1)以下程序中，main()函数调用了 LineMax()函数，实现了在 N 行 M 列的二维数组中找出每一行的最大值。请填空。

```
#define  N  3
#define  M  4
#include <stdio.h>
void LineMax(int x[N][M])
{
int i,j,p;
for(i=0;i<N;i++)
```

```
    {   p=0;
        for(j=1;j<M;j++)
            if(x[i][p]<x[i][j])
            /***********SPACE***********/
                ____【?】____;
        printf("The max value in line %d is %d\n", i, ____【?】____);
    }
}
int main( )
{
    int x[N][M]={1,5,7,4,2,6,4,3,8,2,3,1};
    /***********SPACE***********/
    ____【?】____;
    return 0;
}
```

(2)从键盘输入一个字符串,判断它是不是回文。回文是指正反序相同的字符串。请填空。

```
#include <stdio.h>
#include <string.h>
int fun(char str[])
{
    int n,i,flag=1;
    n=strlen(str);
    for(i=0;i<n/2;i++)
        if(str[i]!=str[n- i- 1])
        {
            flag=0;
            break;
        }
    /***********SPACE***********/
    return ____【?】____;
}
int main( )
{
    char s[80];
    printf("Please enter a string:\n");
    gets(s);
    /***********SPACE***********/
    if(____【?】____)
        printf("%s是回文\n",s);
    else
        printf("%s不是回文\n",s);
    return 0;
}
```

(3)以下程序的功能是求出数组中的最大、最小元素值以及所有元素的均值。请填空。

```
#include <stdio.h>
float max,min;
float average(int n,float array[])
{
    int i;
    float sum;
    /***********SPACE***********/
    max=min=sum= ____【?】____;
    for(i=1;i<n;i++)
    {
        sum+=array[i];
        if(max<array[i])
            max=array[i];
        if(min> array[i]) min=array[i];
    }
    /***********SPACE***********/
    return ____【?】____;
}
int main( )
{
    int i;
    float aver,score[10];
    printf("input 10 score:\n");
    /***********SPACE***********/
    for(i=0;i<10;i++) scanf("%f", ____【?】____);
    aver=average(10,score);
    printf("max=%.2f\nmin=%.2f\naverage=%.2f\n",max,min,aver);
    return 0;
}
```

分析:此题中 max、min 是全局变量,sum 是局部变量,平均值用 return sum/n 返回即可。

3. 编程题。

(1)输入 4 个整数,找出其中最大的数。用函数的嵌套调用来处理。

分析:在 main()函数中调用 max4()函数,找 4 个数中的最大数;在 max4()函数中再调用 max2()函数,找两个数中的较大数;在 max4()函数中多次调用 max2()函数,可找出 4 个数中的最大数,然后将它作为函数值返回 main()函数;在 main()函数中输出结果。

(2)写一个递归函数 DigitSum(n),输入一个非负整数,返回其各位的数字之和。

分析:在函数体内进行判断,如果 n 大于 0,除以 10 取余得到最后一位,再将 n 整除 10(去掉最后一位的数)作为参数,递归调用函数。当 n 作为一位数进行最后一次递归调用时,参数(n/10)等于零,这时返回 0,结束递归。

(3)有两个班级,分别有 5 名和 10 名学生,调用一个 average()函数,分别求这两个班的学生的平均成绩。average()函数的声明如下。

```
float average(float array[ ],int n);
```

分析:需要解决怎样用同一个函数求两个不同长度的数组的平均值的问题;在main()函数中将数组的实际长度从实参传递给形参n,这个n用来在average()函数中控制循环的次数。

实验十二　数组与指针和字符串与指针

实验目的

1. 理解指针、指针变量的不同。
2. 掌握指针变量的定义方法。
3. 掌握指针变量的引用方法。
4. 掌握通过指针引用数组元素的方法。
5. 掌握二维数组的行指针与列指针的使用方法。
6. 掌握通过指针引用字符串的方法。
7. 掌握指针作为函数参数的使用方法。

实验内容与指导

1. 写出程序的输出结果,然后上机验证。

(1)

```
#include <stdio.h>
void f(char *st, int i)
{
    st[i]='\0';
    printf("%s\n", st);
    if (i>1)
        f(st, i-1);
}
int main( )
{
    char st[]="abcd";
    f(st, 4);
    return 0;
}
```

(2)

```
#include <stdio.h>
int main( )
{
    int i, j, *pi, *pj;          //此处的*表示定义指针变量,而非间接运算符
    pi=&i;
    pj=&j;
    i=5;
    j=7;
```

```
    printf("\n%d\t%d\t%d\t%d",i,j,pi,pj);
    printf("\n%d\t%d\t%d\t%d\n", &i,*&i,&j,*&j);
    return 0;
}
```

(3)

```
#include <stdio.h>
int main( )
{
    int a[]={ 1, 2, 3 };
    int *p, i;
    p=a;          //将数组 a 的首地址赋值给指针 p
    for(i=0;i<3;i++)
        printf("%d, %d, %d, %d\n",a[i],p[i],*(p+i),*(a+i));
    return 0;
}
```

(4)

```
#include <stdio.h>
int main( )
{
    char *s="ab5ca2cd34ef", *p;
    int i, j, a[]={ 0, 0, 0, 0 };
    for(p=s;*p!='\0';p++)
    {
        j=*p-'a';
        if (j>=0&&j<=3)
            a[j]++;
    }
    for(i=0;i<4;i++)
        printf("%d", a[i]);
    return 0;
}
```

(5)

```
#include <stdio.h>
int m[2][3]={ { 1, 2, 3 }, { 4, 5, 6 } };
void f( int(*a)[3] )
{
    printf("\n%d%d%d\n", a[0][1], a[0][2], a[1][1]);
}
int main( )
{
    f(m);
    return 0;
}
```

2. 程序改错题。

(1)下列程序中,函数 fun()的功能是从低位开始依次取长整型变量 s 中奇数位上的数,构成一个新数放在 t 中(注意:位置从 0 开始计算)。例如,输入 12345678,则输出 1357;输入 123456789,则输出 2468。

请改正函数 fun()中指定部位的错误,使程序能得出正确的结果。

```
#include <stdio.h>
void fun (long s, long *t)
{
    long sl=10;
    s/=10;
    /**********FOUND**********/
    * t=s/10;
    while(s>0)
    {
        s=s/100;
        /**********FOUND**********/
        t=s%10*sl+t;
        /**********FOUND**********/
        sl/=10;
    }
}
int main( )
{
    long s, t;
    printf("\nPlease enter long number:");
    scanf("%ld", &s); fun(s, &t);
    printf("The result is: %ld\n", t);
    return 0;
}
```

分析:在 fun()函数中,参数 s 是待处理的数,参数 t 是用来指向存放新数的变量的指针,s1 表示当前数字在新数中某位上的基数。由于题意要求从 s 的低位到高位,位置从 0 开始,所以第 1 个奇数位是 s 的十位数,需要将 s 除以 10 去掉个位数,s1 赋初值为十位的基数 10,将处理后的 s 的个位数存放到指针变量 t 所指变量中。接着通过 while 循环,每次将 s 除以 100,跳过偶数位上的数,然后将奇数位上的数乘以对应的基数 s1 后,与指针变量 t 指向的数累加,将结果重新存放到指针变量 t 所指变量中,并将基数 s1 乘以 10,表示下一位的基数,直到 s 为 0。

(2)在下列给定程序中,函数 fun()的功能是在形参 dt0 指向的具有 * n0 个数据的数组中,将所有不等于形参 x 的数据存留在原数组中,并通过形参 n0 返回这些数据的个数。请改正函数 fun()中指定部位的错误,使程序能得出正确的结果。

```
#include <stdio.h>
void fun(int *dt0,int *n0,int x)
{
    int i,j;
```

```
    /**********FOUND**********/
    i=1;j=1;
    do
    {
        /**********FOUND**********/
        if(dt0[i]=x)
        {
        dt0[j]=dt0[i];
        j++;
        }
        i++;
    }
    while(i<*n0);
    /**********FOUND**********/
    return j;
}
int main( )
{
    int d[10]={2,5,6,7,2,4,5,2,2,6},n=10,i;
    fun(d,&n,2);
    for(i=0;i<n;i++)
    printf("%d ",d[i]);
    printf("\n");
    return 0;
}
```

分析：fun( )函数通过两个下标变量 i、j 遍历数组，所以 i 和 j 的初值应为 0。在遍历数组元素时，将当前下标为 i 的元素与 x 进行比较，若不相等，则将该元素赋给下标为 j 的元素，并对 j 自增 1。通过遍历赋值运算，将元素值不为 x 的元素保留下来，下标值 j 中记录了元素值不为 x 的元素个数。由于返回值为 void，且题意要求通过形参 n0 返回元素值不为 x 的元素个数，所以需要将 j 赋值给 n0 所指向的存储空间，而不应该通过 return 语句返回。

3. 编程题。

(1)在下列程序中，规定输入的字符串中只包含字母和星号(＊)。编写函数 fun()，其功能是将字符串中的前导星号全部删除，中间和尾部的星号不删除。

例如，字符串中的内容为"＊＊＊＊＊A＊BC＊DEF＊＊＊＊"，删除后字符串中前导星号后的内容应当是"A＊BC＊DEF＊＊＊＊"。编写函数时，不得使用 C 语言提供的字符串函数。

请勿改动函数 main()和其他函数中的任何内容，仅在函数 fun()的花括号中填入所编写的若干语句。

```
#include <stdio.h>
void fun(char *a)
{
```

```
}
void main( )
{
    char s[81];
    printf("Enter a string:\n");
    gets(s);
    fun( s );
    printf("The string after deleted:\n");
    puts(s);
}
```

分析：要删除字符串中的指定字符，一般采用的方法是保留不用删除的字符，字符串结束标识为'\0'。一开始可以写 char ＊p＝a；让指针变量 p 指向字符串的第一个字符，然后通过循环，找到第一个不是星号的字符，让指针变量 p 指向它，接下来，通过语句＊a＝＊p；和 a++；p++；，利用循环将后边的所有字符全部留下来，最后写上＊a＝'\0'；即可。

(2)请编写函数 fun()，其功能是在一个含有 11 个四位数的数组中，统计出这些数的奇数、偶数的个数，然后计算出个数多的那些数的算术平均值并由函数返回，个数通过 yy 传回。

例如，若 11 个数据为 1101、1202、1303、1404、1505、2611、2712、2813、2914、3202、4222，则输出 yy＝6，pjz＝2609.33。

请勿改动函数 main()和其他函数中的任何内容，仅在函数 fun()的花括号中填入所编写的若干语句。

```
#include <stdio.h>
#define N 11
double fun( int xx[], int * yy )
{



}
void main( )
{
    int yy,xx[N]={1101,1202,1303,1404,1505,2611,2712,2813,2914,3202,4222};
    double pjz ;
    pjz=fun(xx,&yy );
    printf("yy=%d, pjz=%.2lf\n", yy, pjz);
}
```

分析：程序首先定义循环变量 i，变量 odd_count 用于统计奇数的个数，初值为 0，变量 even_count 用于统计偶数的个数，初值为 0，变量 odd_sum 用于统计奇数之和，初值为 0，变量 even_sum 用于统计偶数之和，初值为 0，另外还定义了存放平均值的变量 ave。接着遍历数组，将当前元素对 2 求余，若结果为 0，表示该数是偶数，统计偶数的个数同时累加到 even_sum 中；若结果为 1，表示该数是奇数，统计奇数的个数同时累加到 odd_sum 中。最后比较 odd_ count 和 even_count 的大小，若 odd_count 较大，则求得奇数的平均值 ave，并将 odd_count 存放到指针 yy 指向的变量中；若 even_count 较大，则求得偶数的平均值 ave，并将 even_count 存放到指针 yy 指向的变量中，最后将 ave 作为函数返回值返回。

(3)在下列程序中，函数 fun()的功能是在 s 所指字符串中，将除了下标为偶数同时 ASCII 码值也为偶数的字符外的其余字符全部删除，将字符串中剩余字符所形成的新字符串放在数组 t 中。

例如，若 s 所指字符串中的内容为"ABCDEFG123456"，其中字符 A 的 ASCII 码值为奇数，因此应当删除；字符 B 的 ASCII 码值为偶数，但在数组中的下标为奇数，因此也应当删除；字符 2 的 ASCII 码值为偶数，在数组中的下标也为偶数，因此不应当删除，其他以此类推。最后数组 t 中的内容应是"246"。

```
#include <stdio.h>
#include <string.h>
void fun(char * s, char t[])
{




}
void main( )
{
    char s[100], t[100];
    printf("\nPlease enter string S:"); scanf("%s", s);
    fun(s, t);
    printf("\nThe result is: %s\n", t);
}
```

分析：本题要求保留下标为偶数同时 ASCII 码值也为偶数的字符，可先用循环语句遍历字符串，再用条件语句判断当前字符是否符合要求。

实验十三　函数的指针、返回指针值的函数与指针数组

实验目的

1. 理解什么是函数的指针。
2. 理解指针数组的含义。
3. 掌握通过指针变量调用函数的方法。
4. 掌握通过指针引用指针数组元素的方法。

实验内容与指导

1. 写出程序的输出结果，然后上机验证。

（1）

```
#include <stdio.h>
void fun(char **p)
{
    ++p;
    printf("%s\n",*p);
}
int main( )
{
    char *a[]={"Morning","Afternoon","Evening","Night"};
    fun(a);
    return 0;
}
```

（2）

```
#include <stdio.h>
static char sub[20];
char *cut(char *s, int m, int n)          //定义 cut()函数
{
    int i;
    for (i=0;i<n;i++)
        sub[i]=s[m++];
        sub[i]='\0';
    return sub;
}
int main( )
{
    static char s[]="goodmorning";
    char *cut(char *s, int m, int n), *p;
    p=cut(s,3,4);
    printf("%s\n", p);
    return 0;
}
```

（3）

```
#include <stdio.h>
char *a[]={"BASIC","FORTRAN","COBOL"};
int main( )
{
    char **m;
    m=a;
    printf("%s\n",*++m);
    return 0;
}
```

(4)

```
#include <stdio.h>
//定义一个函数,输出 Hello 的打印次数
void print_hello(int num)
{
    printf("Hello %d times! \n",num);
}
int main( )
{
    //定义一个函数指针变量,指向接收一个 int 型参数且无返回值的函数
    void (*funcPtr)(int);
    int num=5;
    funcPtr=print_hello;    //将 print_hello()函数的地址赋给 funcPtr()函数
    funcPtr(num);           //通过 funcPtr()函数调用 print_hello()函数,传递参数 num
    print_hello(8);
    (*funcPtr)(num);
    return 0;
}
```

2. 程序改错题。

(1)下列给定程序中函数 fun()的功能是用冒泡法对 6 个字符串进行升序排列。请改正程序中的错误,使程序能得出正确的结果。

```
#include <stdio.h>
#include <string.h>
#define MAXLINE 20
fun (char *pstr[6])
{
    int i, j ;
    char *p ;
    for (i=0;i<5;i++)
    {
        /**************FOUND**************/
        for (j=i+1,j<6,j++)
        {
            if(strcmp(*(pstr+i),*(pstr+j))>0)
            {
                p=*(pstr+i) ;
                /**************FOUND**************/
                *(pstr+i)=pstr+j ;
                *(pstr+j)=p ;
            }
        }
    }
}
int main( )
{
```

```
    int i ;
    char *pstr[6],str[6][MAXLINE] ;
    for(i=0;i<6;i++)
        pstr[i]=str[i] ;
    printf( "\nEnter 6 string(1 string at each line): \n" ) ;
    for(i=0;i<6;i++)
        scanf("%s",pstr[i]) ;
    fun(pstr) ;
    printf("The strings after sorting:\n") ;
    for(i=0;i<6;i++)
        printf("%s\n", pstr[i]) ;
    return 0;
}
```

分析:此题考查 for 语句的格式和用指针表示数组元素的方法,*(pstr+i)表示 pstr 指向数组的第 i 个元素,同理*(pstr+ j)表示 pstr 指向数组的第 j 个元素。

(2)在下列程序中,函数 fun()的功能是从 N 个字符串中找出最长的字符串,并将其地址作为函数值返回。各字符串在函数 main()中输入,并放入一个字符串数组中。请改正程序中的错误,使程序能得出正确的结果。

```
#include <stdio.h>
#include <string.h>
#define N 5
#define M 81
/**********FOUND**********/
fun(char (*sq)[M])
{   int i; char *sp;
    sp=sq[0];
    for(i=1;i<N;i++)
        if(strlen(sp)<strlen(sq[i]))
            sp=sq[i] ;
    /**********FOUND**********/
    return sq;
}
int main( )
{   char str[N][M], *longest; int i;
    printf("Enter %d lines :\n",N);
    for(i=0; i<N; i++) gets(str[i]);
        printf("\nThe %d string  :\n",N);
    for(i=0; i<N; i++) puts(str[i]);
        longest=fun(str);
    printf("\nThe longest string :\n"); puts(longest);
}
```

分析:函数 fun()的形参为指向二维字符数组的指针变量,可以将二维数组的每一行看成一个一维数组的元素,每个元素指向一个长度为 M 的字符串。要找出其中最长的字符串,可先假设第 1 个元素所指向的字符串最长,之后对字符数组的其他行进行遍历,若遇到某个字符串长度大于待定最长字符串的长度,则令该字符串为待定最长字符串。如此循环,直至指向字符数组最后一行，即可得到最长字符串的地址。

3. 程序填空题。

(1)在以下程序中，函数 fun()的功能是创建一个 $N \times N$ 的矩阵，以主对角线为对称线，对称元素相加并将结果存放在左下三角元素中，右上三角元素置为 0。请填空。

例如，若 $N=3$，则有下列矩阵。

```
1  2  3
4  5  6
7  8  9
```

计算后结果如下。

```
1   0   0
6   5   0
10  14  9
```

```
#include <stdio.h>
#define N 4
/**********SPACE**********/
void fun(int (*t) ____【?】____ )
{   int i, j;
    for(i=1; i<N; i++)
    {
        for(j=0; j<i; j++)
        {
            /**********SPACE**********/
            ____【?】____ =t[i][j]+t[j][i];
            /**********SPACE**********/
            ____【?】____ =0;
        }
    }
}
int main( )
{
    int t[][N]={21,12,13,24,25,16,47,38,29,11,32,54,42,21,33,10}, i, j;
    printf("\nThe original array:\n");
    for(i=0; i<N; i++)
    {
        for(j=0; j<N; j++)  printf("%2d  ",t[i][j]);
        printf("\n");
    }
    fun(t);
    printf("\nThe result is:\n");
    for(i=0; i<N; i++)
    {
        for(j=0; j<N; j++)  printf("%2d  ",t[i][j]);
        printf("\n");
    }
    return 0;
}
```

分析：函数 main()中调用函数的参数为二维数组名，所以应将 fun()函数中的形参 t 定义为指向二维数组行的指针变量。根据题意可知，对称元素相加的和被存放在左下三角元素中，那么应填入的是 t[i][j]。右上三角元素置为 0，应填入 t[j][i]。

(2)在下列程序中，函数 fun()的功能是用函数指针指向要调用的函数，并进行调用。规定在第二空处使 f 指向函数 f1()，在第三空处使 f 指向函数 f2()。当调用正确时，程序输出 x1＝5.000000 ,x2＝3.000000 ,x1 * x1＋x1 * x2＝40.000000。请填空。

```
#include <stdio.h>
double f1(double x)
{
    return  x*x;
}
double f2(double x, double y)
{
    return  x*y;
}
double fun(double  a, double  b)
{
    /**********SPACE**********/
    ____【?】____ (*f)();
    double r1, r2;
    /**********SPACE**********/
    f= ____【?】____ ;
    r1=f(a);
    /**********SPACE**********/
    f= ____【?】____;
    r2=(*f)(a, b);
    return  r1+r2;
}
int main( )
{
    double  x1=5, x2=3, r;
    r=fun(x1, x2);
    printf("\nx1=%f,  x2=%f,  x1*x1+x1*x2=%f\n",x1, x2, r);
    return 0;
}
```

分析：从(* f)( )可以看出，f 是一个指向函数的指针变量，而本题中被调用的 f1()、f2()函数的返回值均为 double 型，因而容易知道第一空的答案。第二空是在给函数指针变量赋值。

4. 编程题。

(1)有两个整数 a 和 b，由用户输入 1、2 或 3。如果输入 1，程序就给出 a 和 b 中的较大数；如果输入 2，就给出 a 和 b 中的较小数；如果输入 3，则求 a 与 b 之和(要求用指向函数的指针变量作为函数参数来调用函数)。

分析：可以用一个函数来实现题目要求的功能。函数原型如下。

```
int fun(int x,int y, int (*p)(int,int));
```

另外，定义 3 个函数 max()、min()、sum()，分别用来求最大值、求最小值、求和。从键盘输入整数 n，当 n 等于 1 时，调用函数 fun(a,b,max)；当 n 等于 2 时，调用函数 fun(a,b,min)；当 n 等于 3 时，调用函数 fun(a,b,sum)，fun()函数内部通过参数(＊p)(x,y)来调用相应的函数。

(2)有 3 个学生，每个学生有 4 门课程的成绩。要求在用户输入学生序号 k 以后，能输出该学生的全部成绩。要求用指针函数实现。

分析：定义二维数组 score 存放成绩，定义输出某学生全部成绩的函数 search()，它是返回指针的函数，形参是行指针和整型数，函数原型如下。

```
float *search(float (*pointer)[4],int n);
```

函数 main()将 score 和要找的学号 k 传递给形参，可令 p=search(score,k);，函数调用后返回第 k 行第 0 列的地址，然后输出这一行 4 列数组元素的值即可。

实验十四　结构体的使用与链表的操作

实验目的

1. 掌握结构体的定义方法。
2. 掌握结构体变量、结构体数组的定义和使用方法。
3. 掌握链表的建立、输出、删除、插入的方法。

实验内容与指导

1. 写出程序的输出结果，然后上机验证。

(1)

```
#include <stdio.h>
#include <string.h>
struct student
{
    char name[10];
    int age;
    int score;
};
int main( )
{
    struct student stu;
    strcpy(stu.name,"Gao Hong");
    stu.age=20;
    stu.score=90;
    printf("%s %d %d\n",stu.name,stu.age,stu.score);
    return 0;
}
```

(2)

```
#include <stdio.h>
struct student
{
    char name[10];
    int age;
    int score;
}
stu[3]={{"Lin Dan", 28, 100},{"Feng Kun",25,92}, {"Yang Qin",27,60}};
int main( )
{
    int i;
    for (i=0;i<3;i++)
        printf("%s %d %d\n",stu[i].name,stu[i].age,stu[i].score);
    return 0;
}
```

2. 程序填空题。

(1)下列程序中，已建立一个带有头结点的单链表，链表中的各结点包含数据域(data)和指针域(next)，数据域为整型。函数 fun()的作用是找出链表各结点数据域中的最大值，其最大值由函数值返回。请填空。

```
#include <stdio.h>
#include <stdlib.h>
struct list
{
    int data;
    struct list *next;
};
struct list *createlist(int data[], int n)
{
    struct list *head=0,*p,*q;
    int i;
    head=(struct list *)malloc(sizeof(struct list));
    head->data=data[0];
    p=q=head;
    for(i=1; i<n;i++)
    {
        p=(struct list *) malloc(sizeof(struct list));
        p->data=data[i];q->next=p;q=p;
    }
    p->next=NULL;
    return head;
}
/**********SPACE**********/
int func(  【?】  head)
{
```

```
    int pmax=head->data;
    struct list *p=head->next;
    while(p! =NULL)
    {
        if(p->data>pmax) pmax=p->data;
            /**********SPACE**********/
            p=____【?】____;
    }
    /**********SPACE**********/
    ____【?】____;
}
int main()
{
    int data[]={123, 21, 65, 789, 32, 310, 671, 651, 81, 101}, pmax;
    struct list *head;
    head=createlist(data, 10);
    pmax=func(head);
    printf("Max=%d\n", pmax);
    return 0;
}
```

分析：程序定义了结构体类型 stuct list，用来作为链表的结点类型，它包含两个成员，其中 data 是数据成员，next 是指针成员。func()函数的参数为链表的头结点指针，pmax 用来存放最大值。通过 while 循环遍历整个链表，在遍历的过程中，将当前结点的 data 与 pmax 进行比较，若 pmax 小于当前结点的 data，则使用当前结点的 data 更新 pmax，最后将 pmax 的值作为函数返回值。

(2)下列给定程序中，函数 fun()的功能是根据形参 n 计算并返回阶乘 n!。为避免每次阶乘都要从 1 开始乘起，程序中使用了静态结构体变量 old 来保存上次计算的阶乘值。每次计算时，要比较新的参数 n 与上次计算的阶数 n，以便决定计算方法。请填空。

```
#include <stdio.h>
#include <stdlib.h>
struct Ord
{
    int n;
    long ordor;
};
long fun(int n)
{
    static struct Ord old={0,1};
    int i;
    if(n==old.n)
    /**********SPACE**********/
        return (____【?】____);
    if(n>old.n)
        for(i=old.n+1;i<=n;i++)
```

```
            old.ordor*=i;
    else
        for(i=old.n;i>n;i--)
            old.ordor/=i;
    /**********SPACE**********/
    old.n= ____【?】____;
    /**********SPACE**********/
    return (____【?】____);
}
int main( )
{
    int i,n;
    for(i=0;i<5;i++)
    {
        n=rand()%10;
        printf("%d  %ld\n",n,fun(n));
    }
    return 0;
}
```

分析:程序中定义了结构体类型 Ord,包含两个成员,即 n 和 ordor,其中 ordor 为 n!。在函数 fun()中,首先定义静态变量 old,n 和 ordor 的初值分别为 0 和 1,接着判断传入的 n 是否与 old.n 相等,若相等,则直接返回 ordor 的值;若 n>old.n,则从 old.n 开始,将 old.ordor 逐个乘以(old.n+1)~n 的数;若 n<old.n,则从 old.n 开始,将 old.ordor 逐个除以 old.n~(n−1)的数;最后更新 old.n 的值为 n,使得 old 中保存最新的 n 和 n 的阶乘值 ordor,最后将 ordor 的值返回。

(3)在下列程序中,函数 fun()的功能是,在有 n 个元素的结构体数组 std 中,查找有不及格科目的学生,找到后输出学生的学号。函数的返回值是有不及格科目的学生人数。请填空。

例如,函数 main()中给出了 4 名学生的数据,程序的输出结果如下。

学号:N1002 学号:N1006

共有 2 位学生有不及格科目

```
#include <stdio.h>
typedef struct
{
    char num[8];
    double score[2];
    /**********SPACE**********/
}____【?】____;
int fun(STU std[ ], int n)
{
    int i, k=0;
    for(i=0;i<n;i++)
    /**********SPACE**********/
        if( std[i].score[0]<60 ____【?】____ std[i].score[1]<60 )
        {
```

```
        k++;
        printf("学号: %s ",std[i].num);
    }
  /**********SPACE**********/
  return ____【?】____;
}
void main( )
{
  STU std[4]={"N1001", 76.5,82.0 ,"N1002", 53.5,73.0, "N1005", 80.5,66.0,"N1006", 81.0,56.0 };
  printf("\n共有%d位学生有不及格科目\n" , fun(std,4) );
}
```

分析：第一空是对结构体类型改名，通过 main( )函数中的语句可知。第二空只要学生的两门课的成绩中有不及格的科目，就算不及格。由题意可知，k 用于累计学生人数。

3. 编程题。

(1)以下程序中，结构体类型 stuct mpow 的两个成员中，a 为幂的底，t 为幂的指数。请编写函数 fun()，其功能是计算出 x 所指数组中 n 个幂数之和并返回。

例如，当结构体数组用数据 12、0、9、2、23、1、7、2 初始化时，程序的输出结果应该是 sum=154.000000。

请在函数 fun()的花括号中填入所编写的若干语句。

```
#include <stdio.h>
#define N 5
struct mpow
{
    double a;
    int t;
};
double fun(struct mpow * x,int n)
{





}
int main( )
{
    struct mpow x[N]={12,0,9,2,23,1,7,2 };
    double sum;
    sum=fun(x,4);
    printf("sum=%lf\n",sum);
    return 0;
}
```

分析：程序可首先定义循环变量 i、j，通过 i 遍历数组 x 中的各个元素。对于当前元素

x[i],需要通过循环变量 j 求得 x[i].a 的 x[i].t 次幂,将求得的结果保存到变量 power 中,然后将 power 累加到 sum 中,最后通过函数返回值返回 sum。任何不等于 0 的数的 0 次幂都等于 1,要考虑这个情况。

(2)已知有结构体定义:

```
struct stud
{
    long no;              /* 定义学号为长整型* /
    int score;
    struct stud * next;
}
```

要求实现如下功能。

①编写自定义函数 create(n),用于实现如下功能:从键盘输入 n 个学生的信息,以链表尾部插入的方式生成链表,函数返回链表的头指针。

②编写自定义函数 print(h),用于实现如下功能:输出头指针为 h 的链表的结点值。

③编写自定义函数 insert(h),用于实现如下功能:从键盘输入一个学生信息,并将其插入已有链表中,函数返回新链表的头指针。

④编写自定义函数 sort(h),用于实现如下功能:将头指针为 h 的链表按总成绩从低到高排序,函数返回排序后新链表的头指针。

⑤在函数 main()中输入 n,依次调用 create(n)、print(h)、insert(h)、sort(h)函数实现链表的创建、输出、插入与排序功能。

分析:利用链表的创建、插入结点、输出链表的函数,并结合排序算法,即可实现上述功能。

实验十五　共用体、枚举类型和 typedef 的使用

实验目的

1. 掌握共用体的定义方法。
2. 掌握共用体变量的定义和共用体变量成员的引用方法。
3. 掌握用 typedef 定义新类型名的方法。

实验内容与指导

1. 输入并运行以下程序,分析运行结果。

(1)

```
#include <stdio.h>
enum DAY
{
   MON=1,TUE,WED, THU, FRI, SAT,SUN
} day;
int main( )
```

```
{
    for(day=MON;day<=SUN;day++)          //遍历枚举元素
    {
        printf("枚举元素:%d \n", day);
    }
}
```

（2）

```
#include <stdio.h>
#include <string.h>
union Test
{
    int i;
    double pi;
    char str[6];
};
int main( )
{
    union Test test;
    test.i=520;
    test.pi=3.14;
    strcpy(test.str,"Hello!");        //复制字符串
    printf("addr of test.i: %p\n",&test.i);
    printf("addr of test.pi: %p\n",&test.pi);
    printf("addr of test.str: %p\n",&test.str);
    printf("date of test.str: %s\n",test.str);
    return 0;
}
```

（3）

```
#include <stdio.h>
int main( )
{
    union data
    {
        int a, b;
        struct
        {
            int c, d;
        }tt;
    }e={ 8 };
    e.b=e.a+ 3;
    e.tt.c=e.a+ e.b;
    e.tt.d=e.a* e.b;
    printf("%d %d\n",e.tt.c,e.tt.d);
    return 0;
}
```

分析：

①共用体类型及变量的定义方式与结构体的类似，但共用体的多个成员都是从同一地址开始存储的，即多个成员共用同一个存储空间，这样就使得后面的赋值操作会覆盖前面已存储的数据，因此，某一时刻只有一个共用体成员存有数据，而结构体变量占用的存储空间是所有成员占用的存储空间之和。

②union data 是共用体类型，它有三个成员，两个是 int 型变量，一个是结构体变量，该结构体变量又包含两个 int 型成员变量。

(4)

```
#include <stdio.h>
int main( )
{
    enum colorname{red, yellow, blue, white, black };
    enum colorname color;
    for(color=red; color<black; color=(enum colorname)(color+ 1))
        switch (color)
        {
            case red: printf("red\n"); break;
            case yellow: printf("yellow\n");  break;
            case blue: printf("blue\n"); break;
            case white: printf("white\n");  break;
            case black: printf("black\n");  break;
        }
    return 0;
}
```

分析：enum 是关键字，定义枚举类型时必须以 enum 开头。枚举元素作为常量，它们是有值的。从花括号里的第一个元素开始，值分别为 0、1、2、3、4，这是系统自动赋给的，可以输出。一个枚举变量的值只能是这几个枚举常量之一，可以将枚举常量赋给一个枚举变量。

2. 程序改错题。

(1)下列程序中，函数 fun()的功能是，在有 n 名学生、2 门课程成绩的结构体数组 std 中，计算出第 1 门课程的平均分，作为函数值返回。例如，主函数 main()中给出了 4 名学生的数据，则程序的输出结果为“第 1 门课程的平均分是：76.125000”。请改正函数 fun()中指定部位的错误，使程序能得出正确的结果。

```
#include <stdio.h>
typedef struct
{
    char num[8];
    double score[2];
}STU ;
double fun(STU std[], int n)
{
    int i;
    /**********FOUND**********/
    double sum ;
```

```
    /**********FOUND**********/
    for(i=0;i<2;i++)
        /**********FOUND **********/
        sum+=std[i].score[1];
    return sum/n;
}
void main( )
{
    STU std[ ]={ "N1001", 76.5,82.0 ,"N1002", 66.5,73.0, "N1005", 80.5,66.0,"N1006", 81.0,56.0 };
    printf("第 1 门课程的平均分是:%lf\n", fun(std,4) );
}
```

分析:累加求和需要初始化累加结果的临时变量;共有 n 个学生的成绩,需要累加所有学生第 1 门课程的成绩;第 1 门课程的平均分,C 语言数组的下标是从 0 开始的。

(2)下列程序中,主函数 main()将 a、b、c 三个结点链成一个单链表,并给各个结点的数据域赋值,函数 fun( )的作用是累加链表结点数据域中的数据并作为函数值返回。请改正函数 fun()中指定部位的错误,使程序能得出正确的结果。

```
#include <stdio.h>
typedef struct list
{
    int data;
    struct list *next;
} LIST;
int fun(LIST *h)
{
    LIST *p;
    /**********FOUND**********/
    int t;
    p=h;
    /**********FOUND**********/
    while( *p )
    {
    /**********FOUND**********/
        t=t+ p.data;
        p=(*p).next;
    }
    return t;
}
void main()
{
    LIST a, b, c, *h;
    a.data=34;  b.data=51;  c.data=87;  c.next='\0';
    h=&a;  a.next=&b;  b.next=&c;
    printf("总和=%d\n",fun( h ));
}
```

分析：题中存放累加和的变量，必须初始化；* p 是结构体指针，不能作为真假判断的条件；p 是指针变量，引用它的成员，不能用 p. 。

3. 编程题。

(1)读入两个学生的情况并存入结构体数组，然后输出。每个学生的情况包括姓名、学号、性别。若学生是男生，则还需登记其视力正常与否(正常用 Y 表示，不正常用 N 表示)；若学生是女生，则还需登记其身高和体重。

分析：所有学生都具有姓名、学号、性别属性，但对于男生和女生而言，最后一项要存入的信息不相同，因此这一项可以用共用体来实现，作为结构体中的一个域。

(2)有若干个人员的数据，其中有学生和教师。学生的数据包括姓名、号码、性别、职业、班级。教师的数据包括姓名、号码、性别、职业、职称。要求使用同一个结构体数组进行存储并输出。

分析：学生和教师的数据项多数是相同的，但有一项不同。当职业为学生时，要存储学生的班级信息；当职业为教师时，要存储教师的职称信息。可以用以下结构体数组来实现，其中，学生的班级信息和教师的职称信息可以用共用体来存储。

```
union Categ
{
    int class;
    char title[10];
  };
struct
{
    int num;
    char name[10];
    char sex;
    char job;
    union  Categ  category;
}person[2];
```

实验十六 文件的有关操作

实验目的

1. 掌握文件的基本概念。
2. 掌握文件类型指针变量的定义。
3. 掌握文件的打开方式与读写方式。
4. 掌握文件操作的相关函数的使用方法。
5. 掌握顺序读写文件和随机读写文件的方法。

实验内容与指导

1. 程序填空题。

(1)以下程序的功能是将一个磁盘文件中的信息复制到另一个磁盘文件中。请填空。

```
#include <stdlib.h>
#include <stdio.h>
void main()
{
    FILE *in,*out;
    char ch,infile[10],outfile[10];
    printf("Enter the infile name:\n");
    scanf("%s",infile);
    printf("Enter the outfile name:\n");
    scanf("%s",outfile);
    /***********SPACE***********/
    if((in=fopen(infile, ____【?】____))==NULL)
    {
        printf("cannot open infile\n");
        exit(0);
    }
    if((out=fopen(outfile,"w"))==NULL)
    {
        printf("cannot open outfile\n");
        exit(0);
    }
    while(!feof(in))
    {
        ch=fgetc(in);
        /***********SPACE***********/
        fputc(____【?】____,out);
        putchar(ch);
    }
    fclose(in);
    fclose(out);
}
```

分析:此题第一空考查文件的打开方式,第二空考查如何将字符变量的值写到文件中。上机运行验证时,用来读入数据的文件必须事先在磁盘上创建好,并输入数据。

(2)以下程序用于将数组 a 的 4 个元素和数组 b 的 6 个元素写到名为 lett.dat 的二进制文件中。请填空。

```
#include <stdio.h>
#include <stdlib.h>
void main()
{
    FILE *fp;
    char a[4]="1234",b[6]="abcedf";
```

```
    /***********SPACE***********/
    if((fp=fopen("____【?】____","wb"))==NULL)
        exit(0);
    fwrite(a,sizeof(char),4,fp);
    /***********SPACE***********/
    fwrite(b,____【?】____,1,fp);
    fclose(fp);
}
```

分析:第一空比较简单,以二进制写的方式打开文件,第二空要将数组 b 的 6 个元素写到文件中,后边写的是 1,所以这一空要将 6 个元素所占的字节数写上。

(3)以下程序用来统计文件 fname.txt 中的字符个数。请填空。

```
#include <stdio.h>
void main()
{
    FILE *fp;   long num=0L;
    /***********SPACE***********/
    if((fp=fopen("____【?】____","r"))==NULL)
    {
        printf("Open error\n");
        exit(0);
    }
    while(!feof(fp))
    {
        /***********SPACE***********/
        fgetc(____【?】____);
        num++;
    }
    printf("num=%ld\n",num-1);
    fclose(fp);
}
```

(4)下列程序的功能是从键盘输入若干行字符串(每行不超过 80 个字符),将它们写入文件 myfile4.txt 中,用-1 作为字符串输入结束的标志,然后将文件的内容显示在屏幕上。文件的读写分别由函数 ReadText()和 WriteText()实现。请填空。

```
#include <stdio.h>
#include <string.h>
#include <stdlib.h>
void WriteText(FILE *);
void ReadText(FILE *);
void main()
{
    FILE *fp;
    if((fp=fopen("myfile4.txt","w"))==NULL)
    {
        printf(" open fail!!\n"); exit(0);
```

```
    }
    WriteText(fp);
    fclose(fp);
    if((fp=fopen("myfile4.txt","r"))==NULL)
    {
        printf("open fail!!\n"); exit(0);
    }
    ReadText(fp);
    fclose(fp);
}
/**********SPACE**********/
void WriteText(FILE ____【?】____)
{
    char str[81];
    printf("\nEnter string with -1 to end :\n");
    gets(str);
    while(strcmp(str,"-1")!=0)
    {
        /**********SPACE**********/
        fputs(____【?】____,fw); fputs("\n",fw);
        gets(str);
    }
}
void ReadText(FILE  *fr)
{
    char str[81];
    printf("\nRead file and output to screen :\n");
    fgets(str,81,fr);
    while( !feof(fr) )
    {
        /**********SPACE**********/
        printf("%s",____【?】____);
        fgets(str,81,fr);
    }
}
```

分析：第一空用于定义函数，函数的形参是一个文件类型指针变量；第二空考查函数 fputs() 的功能，将字符数组里的内容写到 fw 所指的磁盘文件中；第三空用于输出字符串。

(5)下列程序中，函数 fun()的功能是将自然数 1～10 及其平方根写到名为 myfile3.txt 的文本文件中，然后顺序读出并显示在屏幕上。请填空。

```
#include <math.h>
#include <stdio.h>
int fun(char *fname )
{
    FILE *fp;
    int i,n;
```

```
    float x;
    if((fp=fopen(fname, "w"))==NULL)  return 0;
    for(i=1;i<=10;i++)
        /**********SPACE**********/
        fprintf(____【?】____,"%d %f\n",i,sqrt((double)i));
    printf("\nSucceed!!\n");
    /**********SPACE**********/
    ____【?】____;
    printf("\nThe data in file :\n");
    /**********SPACE**********/
    if((fp=fopen(____【?】____,"r"))==NULL)
        return 0;
    fscanf(fp,"%d%f",&n,&x);
    while(!feof(fp))
    {
        printf("%d %f\n",n,x);
        fscanf(fp,"%d%f",&n,&x);
    }
    fclose(fp);
    return 1;
}
void main()
{
    char fname[]="myfile3.txt";
    fun(fname);
}
```

分析：本题考查文件的相关操作，fprintf()函数与 printf()函数的功能相似，区别在于 fprintf()函数的对象不是键盘和显示器，而是磁盘文件。同时考查文件的打开函数 fopen()和关闭函数 fclose()的使用方法。

fprintf()函数的形式是 fprintf(文件指针，格式字符串，输出表列)；。

(6)在下列程序中，通过定义学生结构体变量，存储学生的学号、姓名和 3 门课的成绩。所有学生数据均以二进制方式输出到 student.dat 文件中。函数 fun()的功能是从文件中找出指定学号的学生数据，读入此学生数据，对该学生的分数进行修改，使每门课的分数加 3 分，修改后重写文件中的学生数据，即用该学生的新数据覆盖原数据，其他学生数据不变；若找不到指定学号的学生数据，则不做任何操作。请填空。

```
#include <stdio.h>
#define N 5
typedef struct student
{
    long sno;
    char name[10];
    float score[3];
}STU;
void fun(char *filename, long sno)
```

```
{
    FILE *fp;
    STU n;   int i;
    fp=fopen(filename,"rb+");
    /**********SPACE**********/
    while (!feof(    【?】    ))
    {
        fread(&n,sizeof(STU),1,fp);
        /**********SPACE**********/
        if (n.sno    【?】    sno)  break;
    }
    if (!feof(fp))
    {
        for (i=0;i<3;i++)   n.score[i]+=3;
        /**********SPACE**********/
        fseek(    【?】    ,-(long)sizeof(STU),SEEK_CUR);
        fwrite(&n, sizeof(STU),1,fp);
    }
    fclose(fp);
}
void main()
{
    STU t[N]={{10001,"MaChao", 91, 92, 77}, {10002,"CaoKai", 75, 60, 88},
              {10003,"LiSi", 85, 70, 78},  {10004,"FangFang", 90, 82, 87},
              {10005,"ZhangSan", 95, 80, 88}}, ss[N];
    int i,j;  FILE *fp;
    fp=fopen("student.dat", "wb");
    fwrite(t,sizeof(STU),N,fp);
    fclose(fp);
    printf("\nThe original data :\n");
    fp=fopen("student.dat","rb");
    fread(ss,sizeof(STU),N,fp);
    fclose(fp);
    for (j=0; j<N; j++)
    {
        printf("\nNo: %ld  Name: %-8s    Scores:  ",ss[j].sno, ss[j].name);
        for (i=0; i<3; i++)  printf("%6.2f ", ss[j].score[i]);
        printf("\n");
    }
    fun("student.dat",10003);
    fp=fopen("student.dat", "rb");
    fread(ss,sizeof(STU),N,fp);
    fclose(fp);
    printf("\nThe data after modifing :\n");
    for (j=0;j<N;j++)
    {
        printf("\nNo: %ld  Name: %-8s    Scores:  ",ss[j].sno, ss[j].name);
```

```
        for (i=0; i<3; i++)
            printf("%6.2f ",ss[j].score[i]);
        printf("\n");
    }
}
```

分析：第一空是 while 循环语句的循环条件，用于判断文件是否结束，配合 feof()函数来完成；第二空用于判断是否找到指定学号，找到就退出循环；第三空利用 fseek()函数进行定位，重新修改数据，SEEK_CUR 是指文件当前位置，位移量是负的，说明要往前改变文件位置标记。

2. 编程题。

(1)求 100 以内的素数，分别将它们输出到显示器和 x.txt 文件中，要求每行显示 5 个数。

分析：通过循环求 100 以内的每一个素数(注意 1 不是素数)，利用 fprintf()函数可以将求得的素数写到文件中。

(2)读出上述 x.txt 文件中的数据，将它们输出到屏幕，并求它们的和。

分析：可以利用 fscanf()函数将文件中的数据读入变量中进行求和并输出。

(3)设学生的信息包含姓名、学号、年龄、总分，从键盘输入 10 个学生的有关数据，然后将它们转存到磁盘文件 stu.dat 中(以 wb 方式写入)，然后读取 stu.dat 文件的内容，并输出到屏幕上。

分析：可以定义如下结构体类型。

```
struct Student
{
    char name[10];
    int num;
    int age;
    float totalscore;
}stud[10];
```

在主函数 main()里，利用 scanf()函数将学生数据输入结构体数组中；用 fwrite()函数将结构体数据写到磁盘文件 stu.dat 中，设 fp 为文件类型指针变量，若 fwrite(&stud[i],sizeof(struct Student),1,fp)!=1，则说明文件写入失败；再利用函数 fread(&stud[i],sizeof(struct Student),1,fp)将 stu.dat 文件中的数据读取到结构体数组中，然后进行输出。

第二部分 习题

习题一 C语言概述

一、简答题

1. C语言程序的开发有哪些步骤？
2. 编译器的功能是什么？连接器的功能是什么？
3. 什么是机器语言？什么是汇编语言？什么是高级语言？
4. 什么是程序注释？如何在C语言程序中添加注释？
5. 简要说明C语言程序的组成部分。

二、选择题

1. 计算机能直接执行的程序是(　　)。

   A. 源程序　　B. 目标程序

   C. 汇编程序　　D. 可执行程序

2. C语言程序的模块化通过(　　)来实现。

   A. 变量　　B. 函数

   C. 程序行　　D. 语句

3. 关于程序模块化，以下叙述中错误的是(　　)。

   A. 程序模块化可以提高程序运行的效率

   B. 程序模块化可以提高程序编制的效率

   C. 程序模块化可以提高程序代码的复用率

   D. 程序模块化可以提高调试程序的效率

4. 以下叙述中错误的是(　　)。

   A. C语言中的每条可执行语句和非执行语句最终都将被转换成二进制的机器指令

   B. C语言程序经过编译、连接步骤之后才能形成一个真正可执行的二进制机器指令文件

   C. 用C语言编写的程序称为源程序，它以ASCII编码的形式存放在一个文本文件中

   D. C语言源程序经编译后生成扩展名为.obj的目标程序

5. 对于一个正常运行的 C 语言程序，以下叙述中正确的是（　　）。

A. 程序的执行总是从 main() 函数开始，并在程序的最后一个函数中结束

B. 程序的执行总是从程序的第一个函数开始，并在 main() 函数中结束

C. 程序的执行总是从 main() 函数开始，并在 main() 函数中结束

D. 程序的执行总是从程序的第一个函数开始，并在程序的最后一个函数中结束

6. 以下叙述中正确的是（　　）。

A. C 语句必须在一行内写完

B. C 语言程序中的每一行只能写一条语句

C. C 语言程序中的注释必须与语句写在同一行

D. 简单 C 语句必须以分号结束

7. 以下叙述中正确的是（　　）。

A. C 语言程序中所有函数之间都可以相互调用

B. C 语言程序中 main() 函数的位置是固定的

C. C 语言程序的函数中不能定义另一个函数

D. 每个 C 语言程序文件中都必须有一个 main() 函数

8. 以下叙述中正确的是（　　）。

A. C 语言函数可以嵌套调用，如 fun(fun(x)) 函数

B. C 语言程序是由过程和函数组成的

C. C 语言函数不可以单独编译

D. C 语言中除了 main() 函数外，其他函数不可作为单独文件的形式存在

9. 有以下程序：

```
#include <stdio.h>
int main( )
{
    int a=0, b=0;
    /*   a=10;   给 a 赋值
    b=20;          给 b 赋值      */
    printf("a+b=%d\n",a+b);    /*输出计算结果 */
    return 0;
}
```

程序运行后的输出结果是（　　）。

A. 出错　　　　B. a＋b＝30

C. a＋b＝10　　　　D. a＋b＝0

10. 以下叙述中正确的是（　　）。

A. C 语言程序所调用的函数必须放在 main() 函数的前面

B. C 语言程序总是从最前面的函数开始执行

C. C 语言程序中的 main() 函数必须放在程序的开始位置

D. C 语言程序总是从 main() 函数开始执行

11. 关于程序中的注释，以下叙述中正确的是（　　）。

A. C99 标准之前，注释的内容必须放在 /＊ 和 ＊/ 之间

B. 注释必须置于所说明的语句前或语句后

C. 多行注释中间可以嵌套另一个多行注释

D. 注释内容错误会导致编译出错

12. 以下叙述中错误的是(　　)。

A. 在运行过程中,C 语言程序的所有计算都以二进制方式进行

B. 在运行过程中,C 语言程序的所有计算都以十进制方式进行

C. 所有 C 语言程序都需要编译、连接无误后才能运行

D. C 语言程序的字符变量中存放的是字符的 ASCII 码值

13. C 语言源程序的扩展名是(　　)。

A. .exe　　B. .c　　C. .obj　　D. .cp

14. C 语言源程序文件经过 C 编译器编译、连接之后生成一个扩展名为(　　)的可执行文件。

A. .c　　B. .obj　　C. .exe　　D. .bas

15. 以下叙述中不正确的是(　　)。

A. 一个 C 语言源程序可由一个或多个函数组成

B. 一个 C 语言源程序必须包含一个 main( )函数

C. C 语言程序的基本组成单位是函数

D. 在 C 语言程序中,注释说明只能位于一条语句的后面

16. C 语言程序的基本结构单位是(　　)。

A. 文件　　B. 语句　　C. 函数　　D. 表达式

17. C 语言源程序经过 C 编译器编译后生成的目标文件的扩展名为(　　)。

A. .c　　B. .obj　　C. .exe　　D. .bas

18. 以下叙述中正确的是(　　)。

A. C 语言比其他语言高级

B. C 语言程序可以不用编译就能被计算机识别和执行

C. C 语言是一种以接近英语国家的自然语言和数学语言作为语言的表达形式

D. C 语言出现得最晚,具有其他语言的一切优点

19. 以下叙述中正确的是(　　)。

A. 计算机只接收由 0 和 1 组成的二进制指令或数据

B. 计算机只接收由 0 和 1 组成的十进制指令或数据

C. 计算机可直接接收并运行 C 语言源程序

D. 计算机可直接接收并运行用任意高级语言编写的源程序

20. 以下叙述中错误的是(　　)。

A. 书写风格良好的程序的执行效率高

B. 书写风格良好的程序的易读性好

C. C 语言允许在一行上写多条语句

D. C 语言允许将一条语句分写在多行上

习题二　常量、变量和数据类型

选择题

1. 以下选项中标识符不合法的是(　　)。

A. &a　　B. FOR　　C. print　　D. _00

2. 按照C语言规定的用户标识符命名规则，以下选项不能出现在标识符中的是(　　)。

A. 大写字母　　B. 下画线　　C. 数字字符　　D. 连接符

3. 以下选项中能用作用户标识符的是(　　)。

A. _0　　B. 8_8　　C. void　　D. unsigned

4. 下列定义变量的语句中错误的是(　　)。

A. int _int;　　B. double int_;　　C. char For;　　D. float US$;

5. 以下选项中C语言的用户标识符不合法的是(　　)。

A. a_b　　B. AaBc　　C. a－－b　　D. _1

6. 以下选项中不属于C语言标识符的是(　　)。

A. 常量　　B. 用户标识符　　C. 关键字　　D. 预定义标识符

7. 以下叙述中正确的是(　　)。

A. C语言中的关键字不能作变量名，但可以作函数名

B. 标识符有长度限制，最多只能包含16个字符

C. 标识符总是由字母、数字和下画线组成，且第一个字符不得为数字

D. 用户自定义的标识符必须见名知义，如果随意定义，则会出现编译错误

8. C语言中的标识符分为关键字、预定义标识符和用户标识符，以下叙述中正确的是(　　)。

A. 关键字可用作用户标识符，但会失去原有含义

B. 预定义标识符可用作用户标识符，但会失去原有含义

C. 在标识符中大写字母和小写字母被认为是相同的字符

D. 用户标识符可以由字母和数字以任意顺序组成

9. 关于C语言的变量名，以下叙述中正确的是(　　)。

A. 变量名不可以与关键字同名　　B. 变量名不可以与预定义标识符同名

C. 变量名必须以字母开头　　D. 变量名是没有长度限制的

10. 以下选项中叙述正确的是(　　)。

A. C语言的标识符可分为关键字、预定义标识符和用户标识符三类

B. C语言的标识符可分为语句、变量和关键字三类

C. C语言的标识符可分为函数名、变量和预定义标识符三类

D. C语言的标识符可分为运算符、用户标识符和关键字三类

11. 设有两行定义语句：

```
int scanf;
float case;
```

则以下叙述中正确的是(　　)。

A. 两行定义语句都不合法　　B. 两行定义语句都合法

C. 第 1 行语句不合法　　D. 第 2 行语句不合法

12. 以下选项中不能在 C 语言程序中用作用户标识符的是(　　)。

A. auto　　B. scanf　　C. Float　　D. _3_14

13. 关于 C 语言的变量，以下叙述中错误的是(　　)。

A. 变量所占的存储单元地址可以随时改变

B. 所谓变量，是指在程序运行过程中其值可以被改变的量

C. 程序中用到的所有变量都必须先定义后使用

D. 由三条下画线构成的符号名是合法的变量名

14. 以下选项中合法的一组 C 语言数值常量是(　　)。

A. 12.　0Xa23　4.5e0　　B. 028　.5e−3　−0xf

C. 177　4e1.5　0abc　　D. 0x8A　10,000　3.e5

15. 以下选项中能用作数值常量的是(　　)。

A. 115L　　B. 0118　　C. 1.5e1.5　　D. o115

16. C 语言源程序中不能表示的数制是(　　)。

A. 十六进制　　B. 八进制　　C. 十进制　　D. 二进制

17. C 语言中的常量包括数值常量和符号常量，以下叙述中正确的是(　　)。

A. 数值常量 1.0 和 1 所占内存的大小不同

B. 不能用 sizeof 求数值常量所占内存的大小

C. 不能用 sizeof 求符号常量所占内存的大小

D. 可以用 &A 取得符号常量 A 所占内存的首地址

18. 有以下程序：

```
#include <stdio.h>
int main( )
{
    int k=33;
    printf("%d,%o,%x\n", k, k, k);
    return 0;
}
```

程序的输出结果是(　　)。

A. 33,41,21　　B. 33,33,33　　C. 41,33,21　　D. 33,21,41

19. 以下选项中，合法的数值常量是(　　)。

A. 3.1415　　B. "A"　　C. 092　　D. 0xDH

20. 以下不属于 C 语言中整型常量的是(　　)。

A. 0L　　B. −018　　C. 0Xa　　D. 200U

21. 以下选项中可用作C语言程序中合法实数的是(　　)。

A. 3.0e0.2　　B. .1e0　　C. E9　　D. 9.12E

22. 以下选项中合法的实型常量是(　　)。

A. 0　　B. 3.13e-2.1　　C. .914　　D. 2.0*10

23. 以下选项中不能正确表示10×1000的值的是(　　)。

A. 1.0E4.0　　B. 1.E4　　C. 10E3　　D. 1.0e4

24. 有以下定义语句,编译时会出现编译错误的是(　　)。

A. char a='\x2d';　　B. char a='\n';

C. char a='a';　　D. char a="aa";

25. 以下不合法的字符常量是(　　)。

A. '\\'　　B. '\"'　　C. '\018'　　D. '\xcc'

26. 以下选项中非法的C语言字符常量是(　　)。

A. '\007'　　B. '\b'　　C. "aa"　　D. '\xaa'

27. 以下选项中非法的C语言字符常量是(　　)。

A. '\x9d'　　B. '9'　　C. '\x09'　　D. '\09'

28. 以下叙述中正确的是(　　)。

A. 字符变量在定义时不能赋初值

B. 字符常量可以参与任何整数运算

C. 同一英文字母的大写形式和小写形式代表的是同一个字符常量

D. 转义字符用@符号开头

29. 以下选项中非法的C语言字符常量是(　　)。

A. '\128'　　B. '\127'　　C. '\x01'　　D. '\x08'

30. 若有说明语句:char c='\72';,则变量c中存放的是(　　)。

A. 2个字符　　B. 1个字符　　C. 3个字符　　D. 说明语句不合法

31. 以下合法的转义字符是(　　)。

A. '\0X41'　　B. '\0x41'　　C. '\X41'　　D. '\x41'

32. 以下叙述中正确的是(　　)。

A. 空字符串不占用内存,其内存空间大小是0

B. 两个连续的单引号('')是合法的字符常量

C. 可以对字符串进行关系运算

D. 两个连续的双引号("")是合法的字符串常量

33. 关于C语言的符号常量,以下叙述中正确的是(　　)。

A. 符号常量的符号名是标识符,但必须大写

B. 符号常量是指在程序中通过宏定义用一个符号名来代表一个常量

C. 符号常量在整个程序中其值都不能再被重新定义

D. 符号常量的符号名可以是变量

34. 以下选项中非法的定义语句是(　　)。

A. long b=0L;　　B. unsigned int a=-100u;

C. short c2=0123;　　D. int d=0x0;

35. 以下不能输出字符'A'的语句是(注:字符'A'的 ASCII 码值为 65,字符'a'的 ASCII 码值为 97)(　　)。

A. printf ("%c \n", 'a'−32);　　　　B. printf ("%d \n", 'A');

C. printf ("%c \n", 65);　　　　　　D. printf ("%c \n", 'B'−1);

36. 已知字符'A'的 ASCII 码值是 65,字符变量 c1 的值是'A',c2 的值是'D',则执行以下语句后,输出结果是(　　)。

```
printf("%d,%d", c1, c2-2 );
```

A. 65,68　　　B. A,68　　　C. A,B　　　D. 65,66

37. 以下叙述中正确的是(　　)。

A. scanf()函数中的格式控制字符串是为了输入数据用的,不会输出到屏幕上

B. 在使用 scanf()函数输入整数或实数时,输入数据之间只能用空格来分隔

C. 在 printf()函数中,各个输出项只能是变量

D. 使用 printf()函数无法输出百分号(%)

38. 以下叙述中正确的是(　　)。

A. 在 scanf()函数的格式控制字符串中,必须有与输入项一一对应的格式转换说明符

B. 只能在 printf()函数中指定输出数据的宽度,而不能在 scanf()函数中指定输入数据的宽度

C. scanf()函数中的字符串用于提示程序员,输入数据时不必管它

D. 复合语句也称语句块,它至少要包含两条语句

39. 有以下程序:

```
#include <stdio.h>
int main( )
{
    int a=2, c=5;
    printf("a=%%d,b=%%d\n", a,c );
    return 0;
}
```

程序的输出结果是(　　)。

A. a=2,b=5　　　　　　B. a=%2,b=%5

C. a=%d,b=%d　　　　　D. a=%%d,b=%%d

40. 设有定义:

```
int n=1234;
double x=3.1415;
```

则以下语句的输出结果是(　　)。

```
printf("%3d,%1.3f\n", n, x);
```

A. 1234,3.142　　　　B. 123,3.142

C. 1234,3.141　　　　D. 123,3.141

41. 若有以下程序:

```
#include <stdio.h>
int main( )
{
    char  c1, c2;
    c1='C'+'8'-'3';   c2='9'-'0';
    printf("%c  %d\n", c1, c2);
    return 0;
}
```

程序的输出结果是(　　)。

A. H　'9'

B. H　9

C. F　'9'

D. 表达式不合法,输出无定值

42.有以下程序:

```
#include <stdio.h>
int main( )
{
    int x=072;
    printf("X=%d.\n", x+1);
    return 0;
}
```

程序的输出结果是(　　)。

A. X=115　　B. X=73　　C. X=59.　　D. X=72.

43.有以下程序:

```
#include <stdio.h>
int main( )
{
    char  c1,c2;
    c1='A'+'8'-'4';
    c2='A'+'8'-'5';
    printf("%c,%d\n",c1,c2);
    return 0;
}
```

已知字母 A 的 ASCII 码值为 65,程序的输出结果是(　　)。

A. E,68　　B. D,69　　C. E,D　　D. 输出无定值

44.有以下程序:

```
int x=12;
double y=3.141593;
printf("%d%8.6f", x, y);
```

程序的输出结果是(　　)。

A. 123.141593

B. 12　3.141593

C. 12,3.141593

D. 123.1415930

45. 若有定义：char c; int d; ，程序运行时输入 1,2，能将值 1 输入给变量 c、值 2 输入给变量 d 的输入语句是(　　)。

A. scanf("%c,%d", &c,&d);　　B. scanf("%c%d", &c,&d);

C. scanf("%d,%f", &c,&d);　　D. scanf("%d%d", &c,&d);

46. 设有语句：printf("%2d\n",2010);，则以下叙述中正确的是(　　)。

A. 程序运行时输出 2010　　B. 程序运行时输出 20

C. 程序运行时输出 10　　D. 指定的输出宽度不够，编译出错

47. 有以下程序：

```
#include <stdio.h>
int main( )
{
    int a1,a2;  char c1,c2;
    scanf("%d%c%d%c",&a1,&c1,&a2,&c2);
    printf("%d,%c,%d,%c",a1,c1,a2,c2);
    return 0;
}
```

若想通过键盘输入，使 a1 的值为 12，a2 的值为 34，c1 的值为字符'a'，c2 的值为字符'b'，程序输出结果是 12,a,34,b，则正确的输入格式是(　　)。

A. 12 a34 b<回车>　　B. 12 a 34 b<回车>

C. 12,a,34,b<回车>　　D. 12a34b<回车>

48. 设有定义：

```
double a,b,c;
```

若要求通过输入分别给 a、b、c 输入 1、2、3，输入形式如下(注：□代表一个空格)：

```
□□1.0□□2.0□□3.0< 回车>
```

则能进行正确输入的语句是(　　)。

A. scanf("%lf%lf%lf",a,b,c);

B. scanf("%lf%lf%lf",&a,&b,&c);

C. scanf("%f%f%f",&a,&b,&c);

D. scanf("%5.1lf%5.1lf%5.1lf",&a,&b,&c);

49. 有以下程序：

```
#include <stdio.h>
int main( )
{
    int k=33;
    printf("%d,%o,%x\n", k, k, k);
    return 0;
}
```

程序的输出结果是(　　)。

A. 33,41,21　　B. 33,33,33　　C. 41,33,21　　D. 33,21,41

50. 设有定义：double x=2.12;，以下不能完整输出变量 x 值的语句是(　　)。

A. printf("x=%5.0f\n",x);　　B. printf("x=%f\n",x);

C. printf("x=%lf\n",x);　　D. printf("x=%0.5f\n",x);

51. 若变量已被正确定义为int型,要通过语句

```
scanf("%d,%d,%d",&a,&b,&c);
```

给a赋值1,给b赋值2,给c赋值3,以下输入形式中错误的是(　　)。

A. 1,2,3<回车>　　B. □□□1,2,3 <回车>

C. 1,□□□2,□□□3<回车>　　D. 1□2□3<回车>

52. 设变量均已正确定义,若要通过语句

```
scanf("%d%c%d%c",&a1,&c1,&a2,&c2);
```

分别为变量a1和a2赋值10和20,为变量c1和c2赋字符'X'和'Y'。以下输入形式中正确的是(　　)。

A. 10□X<回车>
　20□Y<回车>　　B. 10□X20□Y<回车>

C. 10X<回车>
　20Y<回车>　　D. 10□X□20□Y<回车>

53. 若有定义:

```
int a,b;
```

通过以下语句能将整数3赋给变量a、将整数5赋给变量b的输入数据是(　　)。

```
scanf("%d;%d",&a,&b);
```

A. 3　5　　B. 3,5　　C. 3;5　　D. 35

54. 若有定义:

```
int a;
float b;
double c;
```

程序运行时输入:

```
3  4  5< 回车>
```

能将值3赋给变量a、将值4赋给变量b、将值5赋给变量c的语句是(　　)。

A. scanf("%d%f%lf", &a,&b,&c);

B. scanf("%d%lf%lf", &a,&b,&c);

C. scanf("%d%f%f", &a,&b,&c);

D. scanf("%lf%lf%lf", &a,&b,&c);

55. 若有定义和语句:

```
int a, b;
scanf("%d,%d,",&a,&b);
```

则以下选项中的输入数据,不能将值3赋给变量a、5赋给变量b的是(　　)。

A. 3,5,4　　B. 3,5　　C. 3,5,　　D. 3　,5

56. 若有定义:char c; int d; 程序运行时输入 c=1,d=2＜回车＞,能将字符'1'赋给变量c、整数 2 赋给变量 d 的输入语句是(　　)。

A. scanf("c=%d d=%d", &c,&d);

B. scanf("c=%c d=%d", &c,&d);

C. scanf("c=%d,d=%d", &c,&d);

D. scanf("c=%c,d=%d", &c,&d);

57. 若有定义:int a; float b; double c; ,程序运行时输入 1,2,3＜回车＞,能将 1 赋给变量a、2 赋给变量 b、3 赋给变量 c 的输入语句是(　　)。

A. scanf("%d,%f,%lf", &a,&b,&c);

B. scanf("%d%f%lf", &a,&b,&c);

C. scanf("%d,%lf,%lf", &a,&b,&c);

D. scanf("%d,%f,%f", &a,&b,&c);

58. 设有定义:

```
int a;  float b;
```

执行如下语句时,若从键盘输入 876 543.0＜回车＞,则 a 和 b 的值分别是(　　)。

```
scanf("%2d%f", &a, &b);
```

A. 87 和 6.0　　B. 876 和 543.0　　C. 87 和 543.0　　D. 76 和 543.0

59. 设有定义:double x;,以下选项中不能将输入数据 3.14 赋给变量 x 的是(　　)。

A. scanf("%4.2f",&x);　　B. scanf("%lf",&x);

C. scanf("%le",&x);　　D. scanf("%4lf",&x);

60. 设有定义:int a,b; float x,y; ,则以下选项中对语句所作注释的叙述中错误的是(　　)。

A. scanf("%d%d%f",&a,&b);　/* 多余的格式符%f 完全不起作用 */

B. scanf("%d%d",&a,&b,&x);　/* 多余的输入项不能获得输入数据 */

C. scanf("%d%f%d",&a,&b,&x); /* 输入项与格式符类型不匹配,变量 b 和 x 得不到正确的输入数据 */

D. scanf("Input:%d%d",&a,&b); /* 格式串中允许加入格式符以外的字符串 */

61. 有以下程序段:

```
char c1,c2,c3;
scanf("%c%c%c",&c1,&c2,&c3);
```

若要给 c1、c2、c3 分别输入字母 A、B、C,则以下对输入形式的描述中正确的是(　　)。

A. 字母 A、B、C 之间可以用空格分隔

B. 字母 A、B、C 之间不能有分隔符

C. 字母 A、B、C 之间可以用回车键分隔

D. 字母 A、B、C 之间可以用 Tab 键分隔

62. 以下不能输出小写字母 a 的是(　　)。

A. printf("%c\n","a");　　B. printf("%c\n",'A'+32);

C. putchar(97);　　D. putchar('a');

习题三　运算符、表达式和语句

选择题

1. sizeof(double)是(　　)。

A. 一个整型表达式　　B. 一个双精度型表达式

C. 一个不合法的表达式　　D. 一种函数调用

2. 以下选项中不属于 C 语言运算符的是(　　)。

A. sizeof　　B. <>　　C. ( )　　D. &&

3. 设有定义:int x=7,y=12;,则以下表达式的值为 3 的是(　　)。

A. (y%=x)-(x%=5)　　B. y%=(x%=5)

C. y%=x-x%5　　D. y%=(x-x%5)

4. 若有定义语句:int x=10;,则表达式 x-=x+x 的值为(　　)。

A. 0　　B. -20　　C. -10　　D. 10

5. 不能正确表示数学式 a*b/c 的表达式是(　　)。

A. a/c*b　　B. a*b/c　　C. a/b*c　　D. a*(b/c)

6. 有以下程序:

```
#include <stdio.h>
int main( )
{
    int sum, pad, pAd;
    sum=pad=5;
    pAd=++sum,pAd++,++pad;
    printf("%d\n",pad);
    return 0;
}
```

程序的输出结果是(　　)。

A. 5　　B. 6　　C. 7　　D. 8

7. 有以下程序:

```
#include <stdio.h>
int main( )
{
    int a, b, c=241;
    a=c/100%9;
    b=(-1)&&(-1);
    printf("%d,%d\n", a,b);
    return 0;
}
```

程序的输出结果是(　　)。

A. 2,1　　B. 6,1　　C. 6,0　　D. 2,0

8. 已知 a=5,b=6,c=7,d=8,m=2,n=2,执行(m=a>b)&&(n=c<d)后,n 的值为(　　)。

A. 1　　B. 0　　C. 2　　D. −1

9. 若有 C 语言表达式 2+3*4+7/3,以下叙述中正确的是(　　)。

A. 先执行 3*4 得 12,再执行 7/3 得 2.5,最后执行 2+12+2.5 得 16.5

B. 先执行 3*4 得 12,再执行 2+12 得 14,再执行 7/3 得 2,最后执行 14+2 得 16

C. 先执行 7/3 得 2,再执行 3*4 得 12,再执行 12+2 得 14,最后执行 2+14 得 16

D. 先执行 2+3 得 5,再执行 5*4 得 20,再执行 20+7 得 27,最后执行 27/3 得 9

10. 若想给已定义为 int 型的变量 a、b、c、d 都赋整数 1,以下选项中错误的是(　　)。

A. d=c, c=b, b=a, a=1;　　B. d=c=b=a=1;

C. d=(b=c=(a=1));　　D. d=1, c=d, b=c, a=b;

11. 若有定义:int a,b,c;,则以下程序段的输出结果是(　　)。

```
a=11;  b=3;  c=0;
printf("%d\n",c=(a/b,a%b));
```

A. 2　　B. 0　　C. 3　　D. 1

12. 若有定义:double x;,则表达式 x=0,x+10,x++的值是(　　)。

A. 11.0　　B. 10.0　　C. 0.0　　D. 1.0

13. 表达式 a+=a−=a=9 的值是(　　)。

A. 18　　B. −9　　C. 0　　D. 9

14. 若变量已正确定义,则以下选项中非法的表达式是(　　)。

A. a!=4||'b'　　B. 'a'=1/2*(x=y=20,x*3)

C. 'a'%4　　D. 'A'+32

15. 有以下程序:

```
#include <stdio.h>
int main()
{
    int a;
    a=(int)(-1.53*3);
    printf("%d\n", a);
    return 0;
}
```

程序的输出结果是(　　)。

A. −4　　B. −3　　C. −5　　D. 结果不确定

16. 有以下程序:

```
#include <stdio.h>
int main()
{
    int a;
    a=(int)1.99*3;
```

```
    printf("%d\n", a);
    return 0;
}
```

程序的输出结果是(　　)。

A. 3　　B. 5　　C. 6　　D. 结果不确定

17. 若变量 x、y 已正确定义并赋值，以下符合 C 语言语法的表达式是(　　)。

A. x+1=y　　B. ++x,y=x--

C. x=x+10=x+y　　D. double(x)/10

18. 设有定义:int x=2;,以下表达式中值不为 6 的是(　　)。

A. 2 * x,x+=2　　B. x++,2 * x

C. x *=(1+x)　　D. x *=x+1

19. 若有以下程序：

```
#include <stdio.h>
int main( )
{
    int a=0,b=0,c=0;
    c= (a- =++a), (a+=b, b+=4);
    printf("%d,%d,%d\n",a,b,c);
    return 0;
}
```

程序的输出结果是(　　)。

A. 0,4,0　　B. 0,4,4　　C. 1,4,1　　D. 1,4,4

20. 若有以下程序：

```
#include <stdio.h>
int main( )
{
    int a=0,b=0,c=0;
    c= (a+=++b, b+=4);
    printf("%d,%d,%d\n",a,b,c);
    return 0;
}
```

程序的输出结果是(　　)。

A. 1,5,1　　B. 1,5,5　　C. -1,4,4　　D. -1,4,-1

21. 若有以下程序：

```
#include <stdio.h>
int main( )
{
    int x, y, z;
    x=y=1;
    z=x++,y++,++y;
    printf("%d,%d,%d\n",x,y,z);
    return 0;
}
```

程序的输出结果是(　　)。

A. 2,3,3　　B. 2,3,2　　C. 2,3,1　　D. 2,2,1

22.设变量已正确定义并赋值,以下正确的表达式是(　　)。

A. x=y+z+5,++y　　B. (int)(15.8%5)

C. x=y*5=x+z　　D. x=25%5.0

23.在C语言程序中,运算对象必须是整型数的运算符是(　　)。

A. &&　　B. /　　C. %　　D. *

24.设变量m为float型,变量n为int型,则以下能实现将m中的数值保留到小数点后两位而第三位进行四舍五入运算的表达式是(　　)。

A. m=(m*100+0.5)/100.0　　B. n=m*100+0.5, m=n/100.0

C. n=m/100+0.5, m=n*100.0　　D. m=m*100+0.5/100.0

25.若有定义:double a=22;int i=0,k=18;,则不符合C语言规定的赋值语句是(　　)。

A. i=(a+k)<=(i+k);　　B. i=a%11;

C. a=a++,i++;　　D. i=! a;

26.设有定义:double x=5.16894;,则语句 printf("%lf\n",(int)(x*1000+0.5)/1000);的输出结果是(　　)。

A. 5.16900

B. 5.16800

C. 0.00000

D. 输出格式说明符与输出项不匹配,产生错误信息

27.以下关于逻辑运算符两侧运算对象的叙述中,正确的是(　　)。

A. 只能是0或1　　B. 只能是0或非0整数

C. 可以是结构体类型的数据　　D. 可以是任意合法的表达式

28.若有定义语句:int a=12;,则执行语句 a+=a-=a*a;后,a的值是(　　)。

A. -264　　B. 552　　C. 144　　D. 264

29.以下选项中,与n=i++完全等价的表达式是(　　)。

A. n=i,i=i+1　　B. n+=i+1

C. i=i+1,n=I　　D. n=++i

30.有以下程序:

```
#include <stdio.h>
int main()
{
    int a=2,b=3,c=4;
    a*=16+(b++)-(++c);
    printf("%d \n",a);
    return 0;
}
```

程序的输出结果是(　　)。

A. 15　　B. 30　　C. 28　　D. 14

31.设a、b、c是整型变量且均已赋值,则以下选项中错误的赋值语句是(　　)。

A. a=(b=3)=1;　　B. a=(b=2)+c;

C. a=b=c+10;　　D. a=1+(b=c=2);

32. 若有定义:int a, b, c; 以下选项中的赋值语句正确的是(　　)。

A. a=(b=c)+1;　　B. (a=b)=c=1;

C. a=(b==c)=1;　　D. a+b=c;

33. 设有定义:int a=0,b=1,c=1;,以下选项中,表达式值与其他三个不同的是(　　)。

A. b=a==c　　B. a=b=c

C. a=c==b　　D. c=a!=c

34. 设有定义:int x=11,y=12,z=0;,以下选项中,表达式值不等于12的是(　　)。

A. (z,x,y)　　B. (z=x,y)

C. z=(x,y)　　D. z=(x==y)

35. 若有以下程序:

```
#include <stdio.h>
int main( )
{
    int b=10, a=-11;
    a%=b%=4;
    printf("%d %d\n", a, b);
    return 0;
}
```

程序的输出结果是(　　)。

A. 1　2　　B. −1　2　　C. −1　−2　　D. 1　−2

36. 若有以下程序:

```
#include <stdio.h>
int main( )
{
    int a=-11, b=10;
    a/=b/=-4;
    printf("%d %d\n", a, b);
    return 0;
}
```

程序的输出结果是(　　)。

A. 4　−3　　B. −1　−2　　C. 5　−2　　D. 5　−3

37. 若有定义语句:

```
int x=10;
```

则表达式 x−=x+x 的值为(　　)。

A. 10　　B. −20　　C. 0　　D. −10

38. 若变量已正确定义并赋值,则以下不能构成C语句的选项是(　　)。

A. B++;　　B. A=a+b;　　C. a=a+b;　　D. A?a:b;

39. 以下叙述中正确的是(　　)。

A. 复合语句在语法上包含多条语句,其中不能定义局部变量

B. 花括号只能用来表示函数的开头和结尾，不能用于其他目的

C. 空语句就是指程序中的空行

D. 当用 scanf()函数从键盘输入数据时，每行数据在没按回车键前，可以任意修改

40. 以下选项中合法的赋值语句是(　　)。

A. ++i;　　　　B. a=b=34

C. a=3,b=9　　　　D. k=int(a+b);

41. 以下选项中正确的定义语句是(　　)。

A. double, a, b;　　　　B. double a=b=7;

C. double a; b;　　　　D. double a=7, b=7;

42. 表达式(int)((double)9/2)-9%2 的值是(　　)。

A. 0　　B. 3　　C. 4　　D. 5

43. 若有定义：int x,y;，并已给变量正确赋值，则以下选项中与表达式(x-y)? (x++): (y++)中的条件表达式(x-y)等价的是(　　)。

A. (x-y<0||x-y>0)　　　　B. (x-y<0)

C. (x-y>0)　　　　D. (x-y==0)

44. 设有定义：

```
int k=0;
```

以下四个表达式中，与其他三个表达式的值不相同的是(　　)。

A. ++k　　　　B. k+=1

C. k++　　　　D. k+1

45. 以下选项中，当 x 为大于 1 的奇数时，值为 0 的表达式是(　　)。

A. x%2==0　　　　B. x/2

C. x%2!=0　　　　D. x%2==1

46. 当变量 c 的值不为 2、4、6 时，值为"真"的表达式是(　　)。

A. (c>=2 && c<=6)&&(c%2!=1)

B. (c==2)||(c==4)||(c==6)

C. (c>=2 && c<=6)&& !(c%2)

D. (c>=2 && c<=6) || (c!=3) || (c!=5)

47. 以下叙述中正确的是(　　)。

A. 在 C 语言中，逻辑真值和假值分别对应 1 和 0

B. 关系运算符两边的运算对象可以是 C 语言中任意合法的表达式

C. 对于浮点型变量 x 和 y，表达式 x==y 是非法的，会出现编译错误

D. 分支结构是根据算术表达式的结果来判断流程走向的

48. 下列关系表达式中，结果为"假"的是(　　)。

A. 3 <= 4　　　　B. (3 < 4) == 1

C. (3+4)>6　　　　D. (3 != 4)>2

49. 以下与数学表达式 0<x<5 且 x≠2 不等价的 C 语言逻辑表达式是(　　)。

A. (0<x<5) && (x!=2)

B. 0<x && x<5 && x!=2

C. x>0 && x<5 && x!=2

D. (x>0 && x<2) || (x>2 && x<5)

50. 以下选项中与(!a==0)的逻辑值不等价的表达式是(　　)。

A. (a==!0)　　B. a　　C. (a>0||a<0)　　D. (a!=0)

51. 以下叙述中正确的是(　　)。

A. 对于逻辑表达式 a++|| b++,设 a 的值为 1,则求解表达式的值后,b 的值会发生改变

B. 对于逻辑表达式 a++&& b++,设 a 的值为 0,则求解表达式的值后,b 的值会发生改变

C. else 不是一条独立的语句,它只是 if 语句的一部分

D. 关系运算符的结果有三种:0、1、-1

52. 有以下程序:

```
#include <stdio.h>
int main( )
{
    int x=35, B; char  z='B' ;
    B=(( x )&&(z<'b' ));
    printf("%d\n", B );
    return 0;
}
```

程序的输出结果是(　　)。

A. 1　　B. 0　　C. 35　　D. 66

53. 若变量已正确定义,以下选项中非法的表达式是(　　)。

A. a!=4||'b'　　B. 'a'=1/2*(x=y=20,x*3)

C. 'a' % 4　　D. 'A'+32

54. 以下叙述中正确的是(　　)。

A. 逻辑"或"(即运算符||)的运算级别比算术运算符的要高

B. C 语言的关系表达式 0<x<10 完全等价于(0<x) && (x<10)

C. 逻辑"非"(即运算符!)的运算级别是最低的

D. 由 && 构成的逻辑表达式与由||构成的逻辑表达式都有"短路"现象

55. 以下选项中,当且仅当 x 的绝对值在 1~6 范围内时,表达式的值才为"真"的是(　　)。

A. (x>=-6)&&(x<=-1)||(x>=1)&&(x<=6)

B. (x>=1)&&(x<=6)&&(x>=-6)&&(x<=-1)

C. (x>=-6)||(x<=-1)||(x>=1)||(x<=6)

D. (x>=1)&&(x<=6)||(x>=-1)&&(x<=-6)

56. 表示关系式 x≤y≤z 的 C 语言表达式是(　　)。

A. (x<=y)&&(y<=z)　　B. (x<=y)||(y<=z)

C. (x<=y<=z)　　D. (x<=y)!(y<=z)

57. 若 a 是数值类型，则逻辑表达式 (a==1)||(a!=1)的值是(　　)。

A. 1　　B. 0

C. 2　　D. 不知道 a 的值，不能确定

58. 以下表达式中，其值与 x 无关且恒为“真”的是(　　)。

A. 0 < x < 5　　B. x>10 && x<5

C. x>10 || x<5　　D. x<10 && x>5

习题四　顺序结构程序设计

一、选择题

1. 以下叙述中错误的是(　　)。

A. 使用三种基本结构构成的程序只能解决简单问题

B. 结构化程序由顺序、分支、循环三种基本结构组成

C. C 语言是一种结构化程序设计语言

D. 结构化程序设计提倡模块化的设计方法

2. 流程图是描述算法很好的工具，其中输入输出框的图形是(　　)。

A. 平行四边形　　B. 长方形　　C. 椭圆形　　D. 菱形

3. 以下叙述中错误的是(　　)。

A. 在进行模块化程序设计时，应首先完成每个模块的编写和调试，再集中考虑主程序中的算法

B. 同一程序的各模块可由一组人员同时进行编写和调试，以此提高编写程序的效率

C. 模块化的程序设计采用自顶向下、逐步细化的原则

D. 程序的每个模块都可通过三种基本结构实现

4. 以下选项中叙述正确的是(　　)。

A. 使用三种基本结构就可以实现任何复杂算法

B. 只要程序包含了三种基本结构中的任意一种，它就是结构化程序

C. 程序语法错误要在运行时才能发现

D. C 语言程序无须包含 main()函数

5. 以下选项中叙述正确的是(　　)。

A. 复杂任务可以被分解成简单子任务

B. C 语言程序中的所有函数必须保存在同一个源文件中

C. 结构化程序中包含全部三种基本结构

D. C 语言程序中可以定义多个不同内容的 main()函数

6. 结构化程序由顺序、选择、循环三种基本结构组成，以下叙述中错误的是(　　)。

A. 三种基本结构不可以嵌套使用

B. 顺序结构是按语句在程序中的先后顺序逐条执行的，没有分支，没有转移

C. 选择结构根据不同的条件执行不同分支中的语句

D. 循环结构根据条件决定是否重复，并决定重复执行多少次循环体语句

7. 以下叙述中正确的是(　　)。

A. 循环结构、选择结构、顺序结构都是结构化程序的基本结构

B. 计算机可以直接执行 C 语言程序，无须做任何转换

C. 过于复杂的算法不能使用 N-S 流程图描述

D. 只有不超过 20 个操作步骤的算法才是简单算法

8. 算法应当具有的特性不包括(　　)。

A. 可行性　　B. 有穷性　　C. 确定性　　D. 美观性

9. 关于程序设计的基本概念，以下叙述中错误的是(　　)。

A. 计算机可以直接执行由任意高级语言编写的程序

B. 高级语言都有与之对应的编译程序或解释程序

C. 用任何一种计算机高级语言都可以将算法转换为程序

D. 结构化算法可以解决任何复杂的问题

10. 关于程序模块化，以下叙述中错误的是(　　)。

A. 程序模块化可以提高程序运行的效率

B. 程序模块化可以提高程序编制的效率

C. 程序模块化可以提高程序代码的复用率

D. 程序模块化可以提高程序调试的效率

11. 以下叙述中错误的是(　　)。

A. 任何能通过编译和运行的程序都一定能得到所期望的结果

B. 一个算法所包含的操作步骤应该是有限的

C. 算法中的每一条指令必须有确切的含义

D. 算法可以用多种描述方法进行描述

12. 以下关于程序模块化的叙述中错误的是(　　)。

A. 可采用自底向上、逐步细化的设计方法将若干独立模块组装成所要求的程序

B. 将程序分成若干相对独立的、功能单一的模块，便于重复使用这些模块

C. 将程序分成若干相对独立的模块，可便于编码和调试

D. 可采用自顶向下、逐步细化的设计方法将若干独立模块组装成所要求的程序

13. 关于算法，以下叙述中错误的是(　　)。

A. 某个算法可能没有输入

B. 同一个算法对于相同的输入必须得出相同的结果

C. 一个算法对于某个输入的循环次数是可以事先估计出来的

D. 任何算法都能转换成用计算机高级语言编写的程序，并在有限的时间内运行完毕

14. C 语言程序的模块化通过(　　)来实现。

A. 变量　　B. 函数　　C. 程序行　　D. 语句

15. 以下不能用于描述算法的是(　　)。

A. 文字叙述　　B. 程序语句　　C. 伪代码和流程图　　D. E-R 图

16. 以下叙述中正确的是(　　)。

A. 程序必须包含所有三种基本结构才能成为一种算法

B. 我们所写的每条 C 语句,经过编译最终都将被转换成二进制的机器指令

C. 如果算法非常复杂,则需要使用三种基本结构之外的语句结构才能准确表达

D. 只有简单算法才能在有限的操作步骤之后结束

17. 以下叙述中错误的是(　　)。

A. C 语言程序可以由多个程序文件组成

B. 一个 C 语言程序只能实现一种算法

C. C 语言程序可以由一个或多个函数组成

D. 一个 C 函数可以单独作为一个 C 语言程序文件存在

18. 以下叙述中错误的是(　　)。

A. 算法正确的程序可以有零个输入

B. 算法正确的程序最终一定会结束

C. 算法正确的程序可以有零个输出

D. 算法正确的程序对于相同的输入一定有相同的结果

19. 以下叙述中正确的是(　　)。

A. N-S 流程图只能描述简单的顺序结构的程序

B. 程序的算法只能使用流程图描述

C. 结构化程序的三种基本结构是循环结构、选择结构、顺序结构

D. 计算机可以直接处理 C 语言程序,不必进行任何转换

20. 算法的有穷性是指(　　)。

A. 算法的运行时间是有限的

B. 算法所处理的数据量是有限的

C. 算法的长度是有限的

D. 算法只能被有限的用户使用

二、用传统流程图表示求解以下问题的算法

1. 有两个瓶子 A 和 B,分别盛放酱油和醋,要求将它们互换(即 A 瓶放醋,B 瓶放酱油)。

2. 有 3 个数 a、b、c,要求按大小顺序将它们输出。

3. 判断一个数 n 能否同时被 3 和 5 整除。

4. 输出 100～200 之间的素数。

三、程序设计题

1. 输入一个华氏温度,要求输出对应的摄氏温度,转换公式为 $c=5*(f-32)/9$。输入前要有提示信息,输出结果保留两位小数。

2. 1 mi=1.609 km。地球与月球之间的距离大约是 238 857 mi,计算地球与月球之间大约是多少千米?

3.输入一个三位整数,将它反向输出。如输入127,输出应为721。

4.假如我国国内生产总值的年增长率为10%,计算10年后我国国内生产总值与现在相比增长的百分比。计算公式如下:

$p=(1+r)^n$

其中,r为年增长率,n为年数,p为与现在相比的倍数。

习题五 选择结构程序设计

一、选择题

1.if语句的基本形式是if(表达式)语句,以下关于"表达式"值的叙述中正确的是(   )。

A. 必须是逻辑值　　B. 必须是整数值

C. 必须是正数　　D. 可以是任意合法的数值

2.下列条件语句中,输出结果与其他语句不同的是(   )。

A. if(a!=0) printf("%d\n", x);else printf("%d\n", y);

B. if(a==0) printf("%d\n", y);else printf("%d\n", x);

C. if(a==0) printf("%d\n", x);else printf("%d\n", y);

D. if(a) printf("%d\n", x);else printf("%d\n", y);

3.有以下程序:

```
#include <stdio.h>
int main( )
{
    int a=0, b=0, c=0, d=0;
    if(a=1)  b=1; c=2;
    else d=3;
    printf("%d,%d,%d,%d\n", a, b, c, d);
    return 0;
}
```

程序的输出结果是(   )。

A. 1,1,2,0　　B. 0,0,0,3　　C. 编译有错　　D. 0,1,2,0

4.有以下程序:

```
#include <stdio.h>
int main( )
{
    int a, b, c;
    a=10;  b=50;  c=30;
    if (a>b) a=b, b=c; c=a;
    printf("a=%d b=%d c=%d\n", a, b, c);
    return 0;
}
```

程序的输出结果是(　　)。

A. a=10 b=50 c=30　　B. a=10 b=50 c=10

C. a=10 b=30 c=10　　D. a=50 b=30 c=50

5. 设有定义：

```
int a=1,b=2,c=3;
```

以下语句中执行结果与其他三个不同的是(　　)。

A. if(a>b){c=b,a=b,b=c;}　　B. if(a>b){c=a,a=b,b=c;}

C. if(a>b)c=a;a=b;b=c;　　D. if(a>b){c=a;a=b;b=a;}

6. 有以下程序：

```
#include <stdio.h>
int main()
{
    int x;
    scanf("%d", &x);
    if(x<=3); else
    if(x!=10)  printf("%d\n", x);
    return 0;
}
```

程序运行时，输入的值在哪个范围才会有输出结果?(　　)

A. 小于 3 的整数　　B. 不等于 10 的整数

C. 大于 3 或等于 10 的整数　　D. 大于 3 且不等于 10 的整数

7. 以下叙述中正确的是(　　)。

A. if 语句只能嵌套一层

B. if 子句和 else 子句中可以是任意合法的 C 语句

C. 不能在 else 子句中再嵌套 if 语句

D. 改变 if…else 语句的缩进格式，会改变程序的执行流程

8. 有以下程序段，若变量已正确定义并赋值：

```
if(a>b) printf("x=%d,", x);
else printf("y=%d,", y);
if(a<=b) i++;
else j++;
```

则与此程序段功能相同的选项是(　　)。

A. if(a>b){printf("x=%d,", x);j++;}
   else {printf("y=%d,", y);i++;}

B. if(a>b){printf("x=%d,", x);i++;}
   else {printf("y=%d,", y);j++;}

C. if(a<=b){printf("x=%d,", x);i++;}
   else {printf("y=%d,", y);j++;}

D. if(a>=b){printf("x=%d,", x);i++;}
   else {printf("y=%d,", y);j++;}

9. 以下程序段中，不能实现条件“如果 $a<b$，则 $x=10$，否则 $x=-10$”的是(　　)。

A. x=(a>=b)? -10:10;

B. if(a<b) x=10;
else x=-10;

C. x=-10;
if(a<b) x=10;

D. if(a<b) x=10;
if(b<a) x=-10;

10. 有以下程序段：

```
scanf("%d%d%d",&a,&b,&c);
if(a<b) a==b;
if(a<c) a==c;
printf("%d\n",a);
```

该程序段的功能是(　　)。

A. 输出 a、b、c 中值相等的数值

B. 输出 a、b、c 中的最大值

C. 输出 a、b、c 中的最小值

D. 输出 a 的原始值

11. 若变量已正确定义，在 if (W) printf("%d\n" ,k); 中，以下不可替代 W 的是(　　)。

A. a<>b+c　　B. ch=getchar()　　C. a==b+c　　D. a++

12. 以下运用 if 语句判断 x 和 y 的大小的程序段中，错误的是(　　)。

A. if(x>y)　printf(" x>y ");
if(x<y)　printf(" x<y ");
else　printf(" x=y ");
else　printf("x<y");

B. if(x>=y)
if(x>y)　printf("x>y");
else　printf("x=y");

C. if(x>y)　printf(" x>y ");
if(y>x)　printf(" x<y ");
if(x==y)　printf(" x=y ");

D. if(x>y)　printf(" x>y ");
else if(x<y)　printf(" x<y ");
else　printf(" x=y ");

13. 有以下程序：

```
#include <stdio.h>
int main( )
{
    int a=1,b=2,c=3,d=4;
    if ((a=2) || (b=1)) c=2;
    if ((c==3) && (d=-1)) a=5;
    printf("%d,%d,%d,%d\n", a,b,c,d);
    return 0;
}
```

程序的输出结果是(　　)。

A. 1,2,3,4　　B. 2,1,2,-1　　C. 5,1,2,-1　　D. 2,2,2,4

14. 有如下程序：

```
#include <stdio.h>
int main( )
{
    int a=0, b=1;
    if (a++&& b++)
        printf("T");
```

```
    else
        printf("F");
    printf("a=%d,b=%d\n", a, b);
    return 0;
}
```

程序的输出结果是(　　)。

A. Ta=1,b=2　B. Fa=0,b=2　C. Fa=1,b=1　D. Ta=0,b=1

15. 有如下程序：

```
#include <stdio.h>
int main( )
{
    int x=0x13;
    if (x=0x18) printf("T");
    printf("F");
    printf("\n");
    return 0;
}
```

程序的输出结果是(　　)。

A. TF　B. T　C. F　D. TFT

16. 有以下程序：

```
#include <stdio.h>
int main( )
{
    int x=1, y=0;
    if(! x) y++;
    else if(x==0)
    if(x) y+=2;
    else y+=3;
    printf("%d\n", y);
    return 0;
}
```

程序的输出结果是(　　)。

A. 3　B. 2　C. 1　D. 0

17. 有如下嵌套的 if 语句：

```
if(a<b)
    if(a<c) k=a;
    else  k=c;
else
    if(b<c) k=b;
    else  k=c;
```

以下选项中与上述 if 语句等价的语句是(　　)。

A. k=(a<b)? ((b<c)? a:b):((b>c)? b:c);

B. k=(a<b)? ((a<c)? a:c):((b<c)? b:c);

C. k=(a<b)? a:b;k=(b<c)? b:c;

D. k=(a<b)? a:b;k=(a<c)? a:c;

18. 有以下程序：

```
#include <stdio.h>
int main( )
{
    int x=1,y=2,z=3;
    if(x>y)
    if(y<z)  printf("%d",++z);
    else  printf("%d",++y);
    printf("%d\n", x++);
    return 0;
}
```

程序的输出结果是(　　)。

A. 1　　B. 41　　C. 2　　D. 331

19. 有以下程序：

```
#include <stdio.h>
int main( )
{
    double x=2.0, y;
    if( x<0.0 ) y=0.0;
    else if( (x<5.0) && (! x) )  y=1.0/(x+2.0);
    else if( x<10.0 )  y=1.0 / x;
    else y=10.0;
    printf(" %f\n ", y );
}
```

程序的输出结果是(　　)。

A. 0.000000　　B. 0.250000　　C. 0.500000　　D. 1.000000

20. 有以下程序：

```
#include <stdio.h>
int main( )
{
    int x;
    scanf("%d",&x);
    if(x>10) printf("1");
    else if(x>20) printf("2");
    else if(x>30) printf("3");
    return 0;
}
```

若运行时输入35<回车>，则输出结果是(　　)。

A. 123　　B. 2　　C. 3　　D. 1

21. 为了避免在嵌套的 if…else 语句中产生二义性，C 语言规定与 else 子句配对的是(　　)。

A. 与其在同一行上的 if 子句

B. 在其之后的最近的不带 else 子句的 if 子句

C. 与其缩排位置相同的 if 子句

D. 在其之前的最近的不带 else 子句的同层 if 子句

22. 有以下程序：

```
#include <stdio.h>
int main( )
{
    int x=1, y=2, z=3;
    if(x>1)
        if(y>x) putchar('A');
        else putchar('B');
    else
        if(z<x) putchar('C');
            else putchar('D');
    return 0;
}
```

程序的输出结果是(　　)。

A. D　　B. C　　C. B　　D. A

23. 有以下程序：

```
#include <stdio.h>
int main( )
{
    int x=1, y=0;
    if(! x)  y++;
    else if (x==0)
        if (x)  y+=2;
        else    y+=3;
    printf("%d\n", y);
    return 0;
}
```

程序的输出结果是(　　)。

A. 1　　B. 2　　C. 0　　D. 3

24. 有以下程序：

```
#include <stdio.h>
int main( )
{
    int a=1,b=2,c=3,d=0;
    if(a==1 && b++==2)
        if(b!=2||c--!=3)
            printf("%d,%d,%d\n",a,b,c);
        else printf("%d,%d,%d\n",a,b,c);
```

```
    else  printf("%d,%d,%d\n",a,b,c);
    return 0;
}
```

程序的输出结果是(　　)。

A. 1,3,2　　B. 1,3,3　　C. 1,2,3　　D. 3,2,1

25. 以下选项中,与语句

```
k=a>b? (b> c? 1:0):0;
```

的功能相同的是(　　)。

A. if((a>b)||(b>c)) k=1;
   else k=0;

B. if((a>b) && (b>c)) k=1;
   else k=0;

C. if(a<=b) k=0;
   else if(b<=c) k=1;

D. if(a>b) k=1;
   else if(b>c) k=1;
   else k=0;

26. 有以下程序:

```
#include <stdio.h>
int main( )
{
    char  a='H';
    a=(a>='A'&& a<='Z' ) ? (a+32) :a;
    printf("%c\n", a );
    return 0;
}
```

程序的输出结果是(　　)。

A. H　　B. h　　C. A　　D. a

27. 有语句 k=x<y ? (y<z? 1:0):0; ,以下选项中,与此语句功能相同的是(　　)。

A. if(x<y || y<z) k=1; else k=0;

B. if(x<y)　k=0;　else if(y<z) k=1;

C. if(x<y)　if(y<z) k=1;else k=0;

D. if(x<y && y<z) k=1; else k=0;

28. 有以下程序:

```
#include <stdio.h>
int main( )
{
    int a=0,b=0,c=0,d=0;
    (a++&& b++) ? c++: d++;
    printf("%d,%d,%d,%d\n", a,b,c,d);
    return 0;
}
```

程序的输出结果是(　　)。

A. 1,0,0,1　　B. 1,1,0,1　　C. 1,0,1,0　　D. 1,1,1,0

29. 有以下程序：

```
#include <stdio.h>
int main( )
{
    int x=1, y=0, a=0, b=0;
    switch(x)
    {
        case 1:
        switch(y)
        {
            case 0: a++;  break;
            case 1: b++;  break;
        }
        case 2:  a++;  b++;  break;
        case 3:  a++; b++;
    }
    printf("a=%d, b=%d\n", a, b);
    return 0;
}
```

程序的输出结果是(　　)。

A. a=2，b=2　　B. a=2，b=1　　C. a=1，b=1　　D. a=1，b=0

30. 若有定义：float x=1.5; int a=1,b=3,c=2;，则正确的 switch 语句是(　　)。

A. switch(a+b)
   { case　1：printf("＊\n")；
     case　2+1：printf("＊＊\n")；}

B. switch((int)x)；
   { case　1：printf("＊\n")；
     case　2：printf("＊＊\n")；}

C. switch(x)
   { case　1.0：　printf("＊\n")；
     case　2.0：　printf("＊＊\n")；}

D. switch(a+b)
   { case　1：　printf("＊\n")；
     case　c：　printf("＊＊\n")；}

31. 以下叙述中正确的是(　　)。

A. 在 switch 语句中，不一定使用 break 语句

B. 在 switch 语句中必须使用 default 子句

C. break 语句必须与 switch 语句中的 case 子句配对使用

D. break 语句只能用在 switch 语句中

32. 以下选项中，与语句

```
if(a==1)  a=b;
else a++;
```

的功能不同的 switch 语句是(　　)。

A. switch(a==1)
```
{ case 0:a=b;break;
  case 1:a++;
}
```
B. switch(a)
```
{ case 1:a=b;break;
  default : a++;
}
```
C. switch(a)
```
{ default:a++;break;
  case 1:a=b;
}
```
D. switch(a==1)
```
{ case 1:a=b;break;
  case 0:a++;
}
```

33. 若以下选项中的变量 a、b、y 均已被正确定义为整型变量并赋值，则语法正确的 switch 语句是(　　)。

A. switch(a * a+b * b)
```
{ default: break;
  case  3:  y=a+b;  break;
  case  2:  y=a-b;  break;
}
```
B. switch(a+b)
```
{  case 1: case 3: y=a+b; break;
   case 0: case 4: y=a-b;
}
```
C. switch (a+9)
```
{ case  a: y=a-b;
  case  b: y=a+b;
}
```
D. switch a * b
```
{  case  10: y=a+b;
   default: y=a-b;
}
```

34. 有以下程序：

```
#include <stdio.h>
int main( )
{
    int x=1, y=0, a=0, b=0;
    switch(x)
    {
        case 1:
        switch(y)
        {
            case 0:  a++;  break;
            case 1:  b++;  break;
        }
        case 2:  a++;  b++;  break;
        case 3:  a++;  b++;
    }
    printf("a=%d, b=%d\n", a, b);
    return 0;
}
```

程序的输出结果是(　　)。

A. a=2,b=2　　B. a=2,b=1　　C. a=1,b=1　　D. a=1,b=0

35. 有以下程序：

```
#include <stdio.h>
int main( )
{
    int x=1, y=0, a=0, b=0;
    switch( x )
    {
        case 1:
        switch ( y )
        {
            case  0: a++; break;
            case  1: b++; break;
        }
        case 2: a++; b++;  break;
    }
    printf("a=%d,b=%d\n",a,b );
}
```

程序的输出结果是(　　)。

A. a=1,b=0　　B. a=1,b=1　　C. a=2,b=1　　D. a=2,b=2

二、程序填空题

1. 下列程序的功能是输入百分制成绩，输出成绩对应的等级。90分以上为A，80～89分为B，70～79分为C，60～69分为D，60分以下为E。

```
#include <stdio.h>
int main( )
{
    float score;
    ____【1】____ ;
    printf("请输入学生成绩:");
    scanf("%f",&score);
    switch( ____【2】____ )
    {  case 10:
       case 9 : grade='A';break;
       case 8 : grade='B';break;
       case 7 : grade='C';break;
       case 6 : grade='D';break;
       case 5 :
       case 4 :
       case 3 :
       case 2 :
       case 1 :
       case 0 : grade='E';
    }
    printf("成绩是%5.1f,相应的等级是%c。\n",score,grade); return 0;
    return 0;
}
```

2. 下列程序的功能是输入三个整数 x、y、z，请将这三个数由小到大输出。

```
#include <stdio.h>
int main( )
{
    int x,y,z,t;
    scanf("%d%d%d",&x,&y,&z);
    if(x>y){ ____【1】____ }
    if(x>z){ ____【2】____ }
    if(y>z){ ____【3】____ }
    printf("small to big: %d %d %d\n",x,y,z);
    return 0;
}
```

3. 下列程序的功能是输出 x、y、z 三个数中的最大数。

```
#include <stdio.h>
int main( )
{
    int x=4,y=6,z=7;
    int u , ____【1】____ ;
    if(x>y)
        ____【2】____ ;
    else  u=y;
    if(u>z) v=u;
    else    v=z;
    printf("the max is %d",v );
    return 0;
}
```

4. 下列程序的功能是输入一个正整数，判断其是否能被 3 或 7 整除，若其不能被 3 或 7 整除，则输出 YES，否则输出 NO。请填空。

```
#include <stdio.h>
int main( )
{
    int k;
    scanf ("%d", ____【1】____ );
    if( ____【2】____ )
        printf("YES\n");
    else
        printf ("NO\n");
    return 0;
}
```

三、程序改错题

1. 判断输入的字符是不是大写字母，如果其是大写字母，则将其转换为小写字母并输出，否则原样输出。

```
#include <stdio.h>
int main( )
{
    /**********【1】**********/
    double ch;
    scanf("%c",&ch);
    if(ch>='A'&& ch<='Z')
    /**********【2】**********/
    ch=ch-32;
    printf("%c",ch);
    return 0;
}
```

2. 编写程序计算下列分段函数的值。

$$f(x)=\begin{cases} x^2+x, & x<0 \text{ 且 } x\neq -3 \\ x^2+5x, & 0\leqslant x<10 \text{ 且 } x\neq 2 \text{ 及 } x\neq 3 \\ x^2+x-1, & \text{其他} \end{cases}$$

```
#include <stdio.h>
int main( )
{
    double f;
    float x;
    /**********【1】**********/
     double y
     printf("input x=");
     scanf("%f",&x);
     /**********【2】**********/
     if(x<0 ||x!=-3.0)   y=x*x+x;
    /**********【3】**********/
    else if(x>=0 || x<10.0 || x!=2.0 || x!=3.0)
        y=x*x+5*x;
    else   y=x*x+x-1;
    printf("x=%f,y=%f\n",x,y);
    return 0;
}
```

四、程序设计题

1. 从键盘输入一个正整数 x，判断它是不是 4 和 6 的倍数，若是，则输出 yes!，否则输出 no!。

2. 输入 10 个字符，统计其中英文字母、空格符或回车符、数字字符和其他字符的个数。示例如下。

输入：

```
Reold 123?
```

输出：

```
letter=5, blank=1, digit=3, other=1
```

3.有如下函数：

$$f(x)=\begin{cases}x+2, & 81\leqslant x<100\\ 2x+3, & 64\leqslant x<81\\ 3x+4, & 49\leqslant x<64\\ 4x+5, & 36\leqslant x<49\end{cases}$$

要求输入 x，计算并输出 y 值。如果 $x\geqslant 100$ 或 $x<36$，则输出“y 无定义”的信息。

4.输入 4 个整数，要求将其按从大到小的顺序输出。

5.将以下程序段改用嵌套的 if 语句实现。

```
int s, t, m;
t=(int)(s/10);
switch(t)
{
    case 10: m=5; break;
    case 9:  m=4; break;
    case 8:  m=3; break;
    case 7:  m=2; break;
    case 6:  m=1; break;
    default: m=0;
}
```

习题六　循环结构程序设计

一、选择题

1.有以下程序：

```
#include <stdio.h>
int main()
{
    int y=10;
    while(y--);  printf("y=%d\n", y);
    return 0;
}
```

程序的输出结果是(　　)。

A. y=0　　B. y=-1　　C. y=1　　D. while 构成无限循环

2. 有以下程序：

```
#include <stdio.h>
int main()
{
    int k=5;
    while(--k)  printf("%d",k-=3);
    printf("\n");
    return 0;
}
```

程序的输出结果是(　　)。

A. 1　　B. 2　　C. 4　　D. 死循环

3. 关于“while(条件表达式)循环体”，以下叙述中正确的是(　　)。

A. 循环体的执行次数总是比条件表达式的执行次数多一次

B. 条件表达式的执行次数总是比循环体的执行次数多一次

C. 条件表达式的执行次数与循环体的执行次数一样

D. 条件表达式的执行次数与循环体的执行次数无关

4. 设有以下代码：

```
do
{
    while (条件表达式 1)
        循环体 A;
}while (条件表达式 2);
```

```
while (条件表达式 1)
    {
        do {
            循环体 B;
        } while (条件表达式 2);
    }
```

其中，循环体 A 与循环体 B 相同，以下叙述中正确的是(　　)。

A. 循环体 A 与循环体 B 的执行次数相同

B. 循环体 A 比循环体 B 的执行次数多一次

C. 循环体 A 比循环体 B 的执行次数少一次

D. 循环体 A 与循环体 B 的执行次数不确定

5. 有以下程序：

```
#include <stdio.h>
int main()
{
    char  c;
    while((c=getchar()) !='#')
        putchar(c);
    return 0;
}
```

执行时如果输入 abcdefg＃＃＜回车＞，则输出结果是(　　)。

A. abcdefg　　B. abcdefg＃　　C. abcdefg＃＃　　D. ＃＃

6. 以下叙述中正确的是(　　)。

A. do…while 语句构成的循环,当 while 语句中表达式的值为 0 时结束循环

B. do…while 语句和 while…do 语句构成的循环的功能相同

C. while…do 语句构成的循环,当 while 语句中表达式的值为非 0 时结束循环

D. do…while 语句构成的循环,必须用 break 语句退出循环

7. 有以下程序:

```
#include <stdio.h>
int main( )
{
    int m,n;
    scanf("%d%d", &m,&n);
    while(m! =n)
    {
        while(m>n) { m=m-n; }
        while(n>m) { n=n-m; }
    }
    printf("%d\n",m);
    return 0;
}
```

该程序的功能是(　　)。

A. 计算 m 和 n 的最小公倍数　　B. 计算 m 和 n 的最大公约数

C. 计算 m 和 n 的差值　　D. 找出 m 和 n 中的较大值

8. 有以下程序:

```
#include <stdio.h>
int main( )
{
    int x=0,y=6;
    do
    {
        while(--y) x++;
    }while(y--);
    printf("%d,%d\n",x,y);
    return 0;
}
```

程序的输出结果是(　　)。

A. 5,0　　B. 6,0　　C. 5,−1　　D. 6,−1

9. 有如下程序:

```
#include <stdio.h>
int main( )
{
```

```
    char ch='A';
    while (ch<'D')
    {
        printf("%d", ch - 'A');
        ch++;
    }
    printf("\n");
    return 0;
}
```

程序的输出结果是(　　)。

A. ABC　　B. 012　　C. abc　　D. 123

10. 有如下程序：

```
#include <stdio.h>
int main( )
{
    char ch='M';
    while (ch!='K')
    {
        ch --;
        putchar(ch);
    }
    printf("\n");
    return 0;
}
```

程序的输出结果是(　　)。

A. MN　　B. LK　　C. OP　　D. MM

11. 有以下程序：

```
#include <stdio.h>
int main( )
{
    char ch='D';
    while (ch>'A')
    {
        ch--;
        putchar(ch);
        if (ch =='A')  break;
        putchar(ch+1);
    }
    return 0;
}
```

程序的输出结果是(　　)。

A. CB　　B. BCA　　C. CCBB　　D. CDBCA

12. 以下程序拟实现计算 $s=1+2\times2+3\times3+\cdots+n\times n+\cdots$ 的值，直到 $s>1000$ 为止。

```
#include <stdio.h>
int main( )
{
    int s,n;
    s=1;
    n=1;
    do
    {
        n=n+1; s=s+n*n;
    }while(s>1000);
    printf("s=%d\n",s);
    return 0;
}
```

程序运行后,不能得到正确结果,以下修改方案中正确的是(　　)。

A. 将 while(s＞1000);改为 while(s＜＝1000);

B. 将 s＝1; 改为 s＝0;

C. 将 n＝1; 改为 n＝0;

D. 将 n＝n＋1; 改为 n＝n＊n;

13. 以下程序拟实现计算 sum＝1＋1/2＋1/3＋ …＋1/50 的值。

```
#include <stdio.h>
int main( )
{
    int i; double sum;
    sum=1.0;
    i=1;
    do
    {
        i++; sum+=1/i;
    }while( i<50 );
    printf("sum=%lf\n",sum);
    return 0;
}
```

程序运行后,不能得到正确的结果,出现问题的语句是(　　)。

A. sum＋＝1/i;　　B. while(i＜50);

C. sum＝1.0;　　D. i＋＋;

14. 有以下程序:

```
#include <stdio.h>
int main( )
{
    int y=10;
    while(y--);
        printf("y=%d\n",y);
    return 0;
}
```

程序的输出结果是(　　)。

A. y=-1　　B. y=0　　C. y=1　　D. while 构成无限循环

15. 在以下表达式中,与 while(E)中的(E)不等价的表达式是(　　)。

A. (E>0||E<0)　　B. (E==0)

C. (!E==0)　　D. (E!=0)

16. 有以下程序:

```
#include <stdio.h>
int main( )
{
    int a=- 2, b=0;
    while(a++)  ++b ;
    printf("%d,%d\n", a, b);
    return 0;
}
```

程序的输出结果是(　　)。

A. 1,2　　B. 0,2　　C. 1,3　　D. 2,3

17. 以下 while 循环中,循环体的执行次数是(　　)。

```
int k=0;
while ( k=1 ) k++;
```

A. 有语法错误,不能执行　　B. 一次也不执行

C. 执行一次　　D. 无限次

18. 以下叙述中正确的是(　　)。

A. 只要适当地修改代码,就可以将 do…while 与 while 相互转换

B. 对于"for(表达式 1;表达式 2;表达式 3) 循环体",首先要计算表达式 2 的值,以便决定是否开始循环

C. 对于"for(表达式 1;表达式 2;表达式 3) 循环体",只在个别情况下才能将其转换成 while 语句

D. 如果根据算法需要使用无限循环(即通常所称的"死"循环),则只能使用 while 语句

19. 对于 while(!E) s;,若要执行循环体 s,则 E 的取值应为(　　)。

A. E 等于 1　　B. E 不等于 0　　C. E 不等于 1　　D. E 等于 0

20. 有以下程序:

```
#include <stdio.h>
int main( )
{
    int a=- 2,b=0;
    while (a++&&++b);
    printf("%d,%d\n",  a, b );
    return 0;
}
```

程序的输出结果是(　　)。

A. 0,2　　B. 0,3　　C. 1,3　　D. 1,2

21. 以下关于循环语句的叙述中正确的是(　　)。

A. do…while 语句的循环体至少执行一次

B. while 语句的循环体至少执行一次

C. for 语句的循环体至少执行一次

D. 上述说法均正确

22. 以下不构成无限循环的语句或语句组是(　　)。

A. n=0;
do {++n;} while (n<=0);

B. n=0;
while(1) { n++;}

C. n=10;
while (n); {n--;}

D. for(n=0,i=1; ; i++) n+=i;

23. 要求通过 while 循环不断地读入字符,当读入字母 N 时结束循环。若变量已正确定义,则以下正确的程序段是(　　)。

A. while(ch=getchar() ='N') printf("%c ",ch);

B. while((ch=getchar())!='N') printf("%c ",ch);

C. while(ch=getchar()=='N') printf("%c ",ch);

D. while((ch=getchar())=='N') printf("%c ",ch);

24. 关于"do 循环体 while (条件表达式);",以下叙述中正确的是(　　)。

A. 条件表达式的执行次数总是比循环体的执行次数多一次

B. 循环体的执行次数总是比条件表达式的执行次数多一次

C. 条件表达式的执行次数与循环体的执行次数一样

D. 条件表达式的执行次数与循环体的执行次数无关

25. 以下程序段中,循环次数不超过 10 次的是(　　)。

A. int i=10;　do{ i=i+1;} while(i<0);

B. int i=5;　do{ i+=1;} while(i>0);

C. int i=1;　do{ i+=2;} while(i!=10);

D. int i=6;　do{ i-=2;} while(i!=1);

26. 有以下程序:

```
#include <stdio.h>
int main()
{
    int i=0, sum=1;
    do
    {
        sum+=i++;
    }while(i<6);
    printf("%d \n",sum);
    return 0;
}
```

程序的输出结果是(　　)。

A. 22　　B. 18　　C. 20　　D. 16

27. 以下能够实现计算 5! 的程序段是(　　)。

A. int fac=1,k=0;
　do{ k++; fac *=k;} while(k<5);

B. int fac=0,k=1;
　do{ fac *=k; k++;} while(k<5);

C. int fac=1,k=1;
　do{ k++; fac *=k;} while(k<=5);

D. int fac=1,k=0;
　do{ fac *=k; k++;} while(k<5);

28. 有以下程序:

```
#include <stdio.h>
int main( )
{
    int x=23;
    do
    {
        printf("%2d\n", x--);
    }while( !x );
}
```

程序的输出结果是(　　)。

A. 321　　B. 23

C. 不输出任何内容　　D. 陷入无限循环

29. 有以下程序:

```
#include <stdio.h>
int main()
{
    int x=0,y=6;
    do
    {
        while(--y) x++;
    }while(y--);
    printf("%d,%d\n",x,y);
    return 0;
}
```

程序的输出结果是(　　)。

A. 5,0　　B. 6,0　　C. 5,-1　　D. 6,-1

30. 若变量已正确定义,有以下程序段:

```
i=0;
do printf("%d,",i);  while( i++);
printf("%d\n",i);
```

其输出结果是(　　)。

A. 0,1　　B. 0,0　　C. 1,1　　D. 程序进入无限循环

31. 有以下程序：

```
#include <stdio.h>
int main()
{
    int a=-2, b=0;
    do {++b; } while(a++);
    printf("%d,%d\n", a, b);
    return 0;
}
```

程序的输出结果是(　　)。

A. 1,3　　B. 0,2　　C. 1,2　　D. 2,3

32. 有以下程序：

```
#include <stdio.h>
int main()
{
    int a=3;
    do
    {
        printf("%d,", a-=2 );
    }while(! (--a));
    printf("\n");
    return 0;
}
```

程序的输出结果是(　　)。

A. 1　　B. 1, −2,　　C. 3,0,　　D. 1,0

33. 有以下程序：

```
#include <stdio.h>
int main()
{
    int k=5,n=0;
    do
    {
        switch(k)
        {
            case 1:
            case 3: n+=1; k--; break;
            default: n=0; k--;
            case 2:
            case 4: n+=2; k--; break;
        }
        printf("%d",n);
    }while(k>0 && n<5);
    return 0;
}
```

程序的输出结果是(　　)。

A. 02356　　B. 0235　　C. 235　　D. 2356

34. 有以下程序:

```
#include <stdio.h>
int main( )
{
    int x,y=0,z=0,t;
    do
    {
        scanf("%d",&x);
        t=x>0;
        switch (t)
        {
            case 0:  break;
            case 1:  y+=x; continue;
        }
        z+=x;
    }while(x);
    printf("%d,%d\n",y,z);
    return 0;
}
```

若程序运行时输入－1 1 －2 2 0<回车>,则输出结果是(　　)。

A. 1,1　　B. 1,0　　C. 3,－3　　D. 3,0

35. 有以下程序:

```
#include <stdio.h>
int main( )
{
    char c;
    do
    {
        c=getchar();
        putchar(c);
    }while(c !='#');
    printf("\n");
    return 0;
}
```

若程序运行时输入 abcdefg##<回车>,则输出结果是(　　)。

A. abcdefg#　　B. abcdefg　　C. abcdefg##　　D. ##

36. 有以下程序:

```
#include <stdio.h>
int main( )
{
    int a=7,b=0;
```

```
    do
    {
        b+=a;a-=1;
    } while ( a-- ) ;
    printf( "%d,%d\n", b, a );
    return 0;
}
```

程序的输出结果是(　　)。

A. 28,0　　B. 28,1　　C. 16,0　　D. 16,−1

37. 有以下程序：

```
#include <stdio.h>
int main( )
{
    int a=1, b=1;
    for( ; a--; )
        b--;
    printf("%d,%d\n", a, b);
    return 0;
}
```

程序的输出结果是(　　)。

A. −1,0　　B. 0,0　　C. −1,−1　　D. 1,1

38. 有以下程序：

```
#include <stdio.h>
int main( )
{
    int a=0, b=0;
    for(; a<5; a++)
    {
        if (a%2==0) continue;
        b+=a;
        break;
    }
    printf("%d \n", b);
    return 0;
}
```

程序的输出结果是(　　)。

A. 1　　B. 4　　C. 0　　D. 10

39. 有以下程序：

```
#include <stdio.h>
int main( )
{
    int a=1, b=0;
    for(; a<5; a++)
```

```
    {
        if (a%2 ==0) break;
        continue;
        b+=a;
    }
    printf("%d \n", b);
    return 0;
}
```

程序的输出结果是(　　)。

A. 0　　B. 1　　C. 10　　D. 4

40. 有以下程序:

```
#include <stdio.h>
int main( )
{
    int a,b;
    for (a=0; a<3; a++)
    {
        scanf("%d", &b);
        switch(b)
        {
            default: printf("%d,",++b);
            case 1: printf("%d,",++b);
            case 2: printf("%d,",++b);
        }
    }
    return 0;
}
```

若程序运行时输入 1 2 3＜回车＞,则输出结果是(　　)。

A. 2,2,3,4,4,4,　　B. 2,3,4,

C. 2,3,3,4,5,6,　　D. 2,3,4,3,4,4,

41. 有以下程序:

```
#include <stdio.h>
int main( )
{
    int a,b;
    for (a=0; a<3; a++)
    {
        scanf("%d", &b);
        switch(b)
        {
            default: printf("%d,", b++);
            case 1: printf("%d,", b++);
            case 2: printf("%d,", b++);
        }
    }
    return 0;
}
```

若程序运行时输入 1 2 3<回车>,则输出结果是(　　)。

A. 1,2,3,2,3,3,　　B. 1,2,3,

C. 1,2,2,3,4,5,　　D. 1,1,1,2,2,3

42. 有以下程序:

```
#include <stdio.h>
int main( )
{
    char c;
    for(;(c=getchar()) !='#'; )
        putchar(++c);
    return 0;
}
```

若程序运行时输入 abcdefg##<回车>,则输出结果是(　　)。

A. abcdefg　　B. bcdefgh$　　C. bcdefgh$$　　D. bcdefgh

43. 以下程序段中的变量已正确定义:

```
for( i=0; i<4; i++,i++)
    for( k=1; k<3; k++);  printf("* ");
```

该程序段的输出结果是(　　)。

A. *　　B. ****　　C. **　　D. ********

44. 有以下程序:

```
#include <stdio.h>
int main( )
{
    int i,j;
    for(i=1; i<4; i++)
    {
        for(j=i; j<4; j++)
            printf("%d*%d=%d  ",i,j,i*j);
        printf("\n");
    }
    return 0;
}
```

程序的输出结果是(　　)。

A. 1*1=1　1*2=2　1*3=3
　　2*2=4　2*3=6
　　3*3=9

B. 1*1=1　1*2=2　1*3=3
　　2*1=2　2*2=4
　　3*1=3

C. 1*1=1
　　1*2=2　2*2=4
　　1*3=3　2*3=6　3*3=9

D. 1*1=1
　　2*1=2　2*2=4
　　3*1=3　3*2=6　3*3=9

45. 有以下程序：

```
#include <stdio.h>
int main( )
{
    int i=5;
    do
    {
        if (i%3==1)
            if (i%5==2)
            {
                printf("*%d", i);  break;
            }
        i++;
    }while(i!=0);
    printf("\n");
    return 0;
}
```

程序的输出结果是(　　)。

A. *2*6　　B. *3*5　　C. *5　　D. *7

46. 有以下程序：

```
#include <stdio.h>
int main( )
{
    int i,j;
    for(i=3;i>=1;i--)
    {
        for(j=1;j<=2; j++)
            printf("%d ",i+j);
        printf("\n");
    }
    return 0;
}
```

程序的输出结果是(　　)。

A. 4 3
2 5
4 3

B. 4 5
3 4
2 3

C. 2 3
3 4
4 5

D. 2 3
3 4
2 3

47. 有以下程序：

```
#include <stdio.h>
int main( )
{
    int i, j, m=1;
    for(i=1; i<3; i++)
    {
```

```
        for(j=3; j>0; j--)
        {
            if(i*j>3) break;
            m*=i*j;
        }
    }
    printf("m=%d\n",m);
    return 0;
}
```

程序的输出结果是(　　)。

A. m=4　　B. m=2　　C. m=6　　D. m=5

48. 有以下程序：

```
#include <stdio.h>
int main( )
{
    int i;
    for(i=1; i<=40; i++)
    {
        if(i++%5==0)
            if(++i%8==0)
                printf("%d ",i);
    }
    printf("\n");
    return 0;
}
```

程序的输出结果是(　　)。

A. 5　　B. 24　　C. 32　　D. 40

49. 有以下程序：

```
#include <stdio.h>
int main( )
{
    char  b,c;
    int i;
    b='a';
    c='A';
    for(i=0; i<6; i++)
    {
        if (i%2) putchar(i+ b);
        else putchar(i+ c);
    }
    printf("\n");
    return 0;
}
```

程序的输出结果是(　　)。

A. abcdef　　B. ABCDEF　　C. aBcDeF　　D. AbCdEf

50. 有以下程序：

```
#include <stdio.h>
int main( )
{
    int i, j, x=0;
    for(i=0; i<2; i++)
    {
        x++;
        for(j=0; j<=3; j++)
        {
            if(j%2)  continue;
            x++;
        }
        x++;
    }
    printf("x=%d\n",x);
    return 0;
}
```

程序的输出结果是(　　)。

A. x=4　　B. x=8　　C. x=6　　D. x=12

51. 有以下程序：

```
#include <stdio.h>
int main( )
{
    int i,j, m=55;
    for(i=1;i<=3;i++)
        for(j=3; j<=i; j++)
            m=m%j;
    printf("%d\n ", m);
    return 0;
}
```

程序的输出结果是(　　)。

A. 0　　B. 1　　C. 2　　D. 3

52. 以下叙述中正确的是(　　)。

A. 循环嵌套时，最多只能有两层

B. for、while、do…while 循环可以互相嵌套

C. 循环嵌套时，如果不以缩进形式书写代码，则会有编译错误

D. for 语句的圆括号中的表达式不能都省略掉

53. 有以下程序：

```c
#include <stdio.h>
int main( )
{
    int k, j, s;
    for( k=2; k<6; k++,k++)
    {
        s=1;
        for (j=k; j<6; j++)
            s+=j;
    }
    printf("%d\n" , s );
    return 0;
}
```

程序的输出结果是(　　)。

A. 6　　B. 10　　C. 24　　D. 40

54. 有以下程序：

```c
#include <stdio.h>
int main( )
{
    int i,j,m=1;
    for(i=1;i<3;i++)
    {
        for(j=3;j>0;j--)
        {
            if(i*j>3)  break;
            m*=i*j;
        }
    }
    printf("m=%d\n",m);
    return 0;
}
```

程序的输出结果是(　　)。

A. m=2　　B. m=6　　C. m=4　　D. m=5

55. 有以下程序：

```c
#include <stdio.h>
int main( )
{
    int i,j;
    for( i=3; i> 0; i--)
    {
        for( j=1; j<=i; j++)
            putchar ('*');
        for(j=1; j<=3- i; j++)
            putchar('#');
```

```
        putchar('\n');
    }
    return 0;
}
```

程序的输出结果是（　　）。

A. ***
**#
*##

B. **#
*##
###

C. ###
##*
#**

D. ##*
#**
***

56. 以下叙述中正确的是（　　）。

A. continue 语句的作用是使程序的执行流程跳出包含它的所有循环

B. break 语句只能用在循环体内和 switch 语句内

C. 在循环体内使用 break 语句和 continue 语句的作用相同

D. break 语句只能用在 switch 语句中

57. 有以下程序：

```
#include <stdio.h>
int main( )
{
    int a, b;
    for (a=0; a<3; a++)
    {
        scanf("%d", &b);
        switch(b)
        {
            default: printf("%d,",b+ 1);  continue;
            case 1: printf("%d,", b+ 1);
            case 2: printf("%d,", b+ 1);  continue;
        }
    }
    return 0;
}
```

程序运行时输入 1 2 3<回车>，则输出结果是（　　）。

A. 2,2,3,4,4,4,　　　　B. 2,3,4,

C. 2,2,3,4,　　　　D. 2,3,3,4,5,6,

58. 以下叙述中正确的是（　　）。

A. continue 语句使整个循环终止

B. break 语句不能用于提前结束 for 语句的本层循环

C. 使用 break 语句可以使流程跳出 switch 语句

D. 在 for 语句中，continue 语句与 break 语句的效果是一样的，可以互换

59. 以下叙述中正确的是（　　）。

A. 只能在循环体内和 switch 语句内使用 break 语句

B. 当 break 语句出现在循环体的 switch 语句内时，其作用是跳出该 switch 语句，并终

止循环的执行

C. continue 语句的作用是在执行完本次循环中的剩余语句后，终止循环

D. 在 while 语句和 do…while 语句中无法使用 continue 语句

60. 有以下程序：

```
#include <stdio.h>
int main( )
{
    int a, b;
    for( a=1,b=1;a<=100;a++)
    {
        if(b>=20) break;
        if(b %3==1)
        {
            b=b+3; continue;
        }
        b=b-5;
    }
    printf("%d\n",a);
    return 0;
}
```

程序的输出结果是(　　)。

A. 10　　B. 9　　C. 8　　D. 7

61. 有以下程序：

```
#include <stdio.h>
int main( )
{
    int i=1,k=0;
    for( ; i<6 ; )
    {
        switch(i%3)
        {
            case 0: k++;
            case 1: k++; break;
            case 2: k++; continue;
        }
        i+=1;
    }
    printf("%d\n",k);
    return 0;
}
```

程序的运行情况是(　　)。

A. 形成无限循环　　B. 输出 6

C. 输出 5　　D. 输出 4

62. 有如下程序：

```
#include <stdio.h>
int main( )
{
    int i, data;
    scanf("%d", &data);
    for (i=0; i<10; i++)
    {
        if (i>data) break;
        printf("%d,", i);
    }
    return 0;
}
```

程序运行时输入 3＜回车＞，输出结果为（　　）。

A. 3,4,5,　　B. 1,2,3,　　C. 2,3,4,　　D. 0,1,2,3,

63. 有以下程序：

```
#include <stdio.h>
int main( )
{
    int a=1, b=0;
    for(;a<5;a++)
    {
        if (a%2==0)  break;
        b+=a;
    }
    printf("%d \n", b);
    return 0;
}
```

程序的输出结果是（　　）。

A. 1　　B. 10　　C. 0　　D. 4

64. 有以下程序：

```
#include <stdio.h>
int main( )
{
    int x, a=1, b=1;
    while(1)
    {
        scanf("%d",&x);
        if(x>0) { a*=x;  break; }
            if(x<0) { b*=x;  continue; }
                printf("%d,%d\n",a,b);
    }
    return 0;
}
```

若程序运行时输入－1 －2 0 1 2 <回车>，则输出结果是(　　)。

A. 1,2　　B. 2,2　　C. －1,1　　D. －2,1

65. 有以下程序：

```
#include <stdio.h>
int main( )
{
    int i ;
    for(i=1;i<=5;i++)
    {
        if( i%2 )  printf( "*" );
        else  continue;
        printf( "#" );
    }
    printf( "$ \n" );
    return 0;
}
```

程序的输出结果是(　　)。

A. ＊＃＊＃＊＃＄　　B. ＊＃＊＃＊＄

C. ＊＃＊＃＄　　D. ＊＃＊＃＊＃＊＄

66. 有以下程序段：

```
int x ,i ;
for(i=1;i<=100;i++)
{
    scanf("%d",&x);
    if(x<0) continue;
    printf("%4d\n",x);
}
```

针对上述程序段的描述中正确的是(　　)。

A. 最多可以输出100个非负整数　　B. 当 x<0 时结束整个循环

C. 当 x≥0 时没有任何输出　　D. printf()函数调用语句总是被跳过

67. 有以下程序：

```
#include <stdio.h>
int main( )
{
    int i, j, x=0;
    for(i=0; i<2; i++)
    {
        x++;
        for( j=0;j<=3; j++)
        {
            if(j%2)  continue;
            x++;
        }
```

```
        x++;
    }
    printf("x=%d\n",x);
    return 0;
}
```

程序的输出结果是(　　)。

A. x＝4　　B. x＝8　　C. x＝6　　D. x＝12

68. 有以下程序：

```
#include <stdio.h>
int main()
{
    int x=8;
    for( ; x>0; x--)
    {
        if(x%3)
        {
            printf("%d,", x--);
            continue ;
        }
        printf("%d,", --x);
    }
    return 0;
}
```

程序的输出结果是(　　)。

A. 7,4,2,　　B. 8,7,5,2,　　C. 9,7,6,4,　　D. 8,5,4,2,

二、程序填空题

1. 下列程序的功能是用 do…while 语句求 1～1000 之间满足“用 3 除余 2 且用 5 除余 3”的数，且一行只打印 5 个数。

```
#include <stdio.h>
int main()
{
    int i=1,j=0;
    do
    {
        if( ____【1】____ )
        {
            printf("%4d",i);
            j=j+1;
            if( ____【2】____ )
                printf("\n");
        }
```

```
        i=i+1;
    }while(i<1000);
    return 0;
}
```

2. 下列程序的功能是求100以内个位数为6且能够被3整除的所有数。

```
#include <stdio.h>
int main()
{
    int i,j;
    for(i=0;    【1】    ;i++)
    {
        j=i*10+6;
        if(    【2】    )
            continue;
        printf("%d\t",j);
    }
    return 0;
}
```

3. 下列程序的功能是统计从键盘输入的字符的个数,用换行符结束循环。

```
//输入:12ab34cd
//输出:4个数字
#include <stdio.h>
int main()
{
    int n=0,c;
    c=getchar();
    while(   【1】   )
    {
        if(   【2】   )
        n++;
        c=getchar();
    }
    printf(" %d个数字\n",n);
    return 0;
}
```

4. 下列程序的功能是求两个非负整数的最大公约数和最小公倍数。

```
#include <stdio.h>
int main()
{
    int m,n,r,p,gcd,lcm;
    scanf("%d%d",&m,&n);
    if(m<n) {p=m,m=n;n=p;}
        p=m*n;
    r=m%n;
```

```
    while( ____【1】____ )
    {
        m=n;n=r; ____【2】____ ;
    }
    gcd= ____【3】____ ;
    lcm=p/gcd;
    printf("gcd=%d,lcm=%d\n", ____【4】____ );
    return 0;
}
```

5. 下列程序的功能是求 1!＋3!＋5!＋…＋n!的和。

```
#include <stdio.h>
int main()
{
    long int f,s;
    int i,j,n;
    ____【1】____ ;
    scanf("%d",&n);
    for(i=1;i<=n;____【2】____ )
    {
        f=1;
        for(j=1; ____【3】____ ;j++)
        ____【4】____ ;
        s=s+f;
    }
    printf("n=%d,s=%ld\n",n,s);
    return 0;
}
```

6. 下列程序的功能是输出九九乘法口诀表。

```
#include <stdio.h>
int main()
{
    int i,j,result;
    printf("\n");
    for (i=1; ____【1】____ ;i++)
    {
        for(j=1;j<10; ____【2】____ )
        {
            result=i*j;
            printf("%d* %d=%-3d",i,j, ____【3】____ );
        }
        printf("\n");
    }
    return 0;
}
```

7. 下列程序的功能是计算 $s=1+12+123+1234+12345$ 的值。

```
int main( )
{
    int t=0, s=0, i;
    for(i=1;i<=5;i++)
    {
        t=i+ ____【1】____ ;
        s=s+t;
    }
    printf("s=%d\n", s);
    return 0;
}
```

8. 下列程序的功能是输出 100～1000 之间各位数字之和能被 15 整除的所有数，输出时每行 10 个数。

```
#include <stdio.h>
int main( )
{
    int m, n, k, i=0;
    for(m=100;m<=1000;m++)
    {
        ____【1】____ ;
        n=m;
        do
        {
            k=k+ ____【2】____ ;
            n=n/10;
        }
        ____【3】____ ;
        if (k%15==0)
        {
            printf("%5d", m);i++;
            if(i%10==0)
                ____【4】____ ;
        }
    }
    return 0;
}
```

9. 1982 年我国第三次人口普查，结果显示当时的全国人口为 10.3 亿，假如人口增长率为 5%。编写一个程序，求在哪一年总人口翻了一番。请填空。

```
#include <stdio.h>
int main( )
{
    double p1=10.3, p2, r=0.05;
    int n=1;
```

```
    p2=p1 * ____【1】____ ;
    while( p2 <= ____【2】____ )
    {
        n++;
        p2=p2 * ____【3】____ ;
    }
    n= ____【4】____ ;
    printf("%d 年人口总数翻了一番,即为%g 亿人\n",n,p2);
    return 0;
}
```

10. 下列程序的功能是以每行 5 个数来输出 300 以内能被 7 或 17 整除的偶数,并求出其和。

```
#include <stdio.h>
int main( )
{
    int i,n,sum;
    sum=0;
    ____【1】____ ;
    for(i=1; ____【2】____ ;i++)
    if( ____【3】____ )
        if(i%2==0)
        {
            sum=sum+i;
            n++;
            printf("%6d",i);
            if( ____【4】____ )
            printf("\n");
        }
    printf("\ntotal=%d",sum);
    return 0;
}
```

三、程序改错题

1. 下列程序的功能是任意输入 10 个整数,找出其中的最大值并输出。

```
#include <stdio.h>
int main( )
{
    int a,max;
    int i;
    scanf("%d",&a);
    /**********【1】**********/
    max=0;
    for(i=1;i<10;i++)
```

```
    {
        scanf("%d",&a);
        /**********【2】**********/
        if(a<max)
            max=a;
    }
    printf("max=%d\n",max);
    return 0;
}
```

2.下列程序的功能是输入一个整数 n,计算累加和$(1+2+3+\cdots+n)$并输出。

```
//输入:5<回车>
//输出:The sum from 1 to 5 is 15
#include <stdio.h>
int main( )
{
    /***********【1】*********** /
    int i, n, sum;
    /***********【2】*********** /
    scanf( "%d", n );
    for ( i=0; i<=n; i++)
    /***********【3】*********** /
        sum+=n;
    printf( "The sum from 1 to %d is %d", n,sum );
    return 0;
}
```

3.下列程序的功能是求出 $1\times1+2\times2+\cdots+n\times n\leqslant1000$ 中满足条件的最大的 n。

```
#include <stdio.h>
#include <string.h>
int main( )
{
    int n,s;
    /**********【1】**********/
    s==n=0;
    /**********【2】**********/
    while(s>1000)
    {
        ++n;
        s+=n*n;
    }
    /**********【3】**********/
    printf("n=%d\n",&n-1);
    return 0;
}
```

四、程序设计题

1. 输入两个正整数 m 和 n，求其最大公约数和最小公倍数。

2. 有一个分数序列：

$$\frac{1}{2},\frac{2}{3},\frac{3}{5},\frac{5}{8},\frac{8}{13},\frac{13}{21}\cdots$$

求这个序列的前 20 项之和。

3. 求 1～60 中所有整数的平方和并输出结果。

4. 输入 x，按下列公式计算 $\cos(x)$，精确到 10^{-5}。

$$\cos(x)=1-\frac{x^2}{2!}+\frac{x^4}{4!}-\frac{x^6}{6!}+\cdots$$

5. 按照下列公式计算 π 值，精确到 10^{-6}。

$$\pi=2\times\frac{2}{\sqrt{2}}\times\frac{2}{\sqrt{2+\sqrt{2}}}\times\frac{2}{\sqrt{2+\sqrt{2+\sqrt{2}}}}\times\cdots$$

6. 要将一元钱换成 1 分、2 分和 5 分的硬币，每种硬币的个数大于 0 且为 5 的倍数，计算并输出有多少种换法？

7. 求出 100～1000 之间同时满足除以 5 余 2、除以 7 余 3、除以 11 余 7 的所有整数的和及整数的个数。

8. 利用迭代法求 x 的平方根 y，x 由键盘输入，利用下列迭代公式进行计算。设初值为 $y_0=x/2$，精确到 $|y_{n+1}-y_n|<10^{-4}$。

$$y_{n+1}=\frac{1}{2}\left(y_n+\frac{x}{y_n}\right)$$

提示：迭代法即反复代入法，将 y_n 代入迭代公式的右端，可以算出 y_{n+1}，然后将 y_{n+1} 作为新的 y_n 代入迭代公式中，又可以算出新的 y_{n+1}。如此重复，当 $|y_{n+1}-y_n|<10^{-4}$ 时，y_{n+1} 即为所求的平方根。

9. 有 30 个人在一家小饭店里用餐，其中有男人、女人和小孩，每个男人花了 3 元，每个女人花了 2 元，每个小孩花了 1 元，共花了 50 元。如果要求男人、女人和小孩都有参与，试求有多少种方案分配男人、女人和小孩的人数。

习题七　数　组

一、选择题

1. 有以下程序：

```
#include <stdio.h>
int main()
```

```
{
    int s[12]={1,2,3,4,4,3,2,1,1,1,2,3},c[5]={0},i;
    for(i=0; i<12; i++)
        c[s[i]]++;
    for(i=1; i<5; i++)
        printf("%d ",c[i]);
    printf("\n");
    return 0;
}
```

程序的输出结果是(　　)。

A. 2 3 4 4　　B. 4 3 3 2　　C. 1 2 3 4　　D. 1 1 2 3

2. 有以下程序：

```
#include <stdio.h>
int main( )
{
    int a[3]={0},  i, j, k=2;
    for( i=0; i<k; i++)
        for( j=0; j<k; j++)
            a[j]=a[i]+1;
    printf("%d\n", a[1] );
    return 0;
}
```

程序的输出结果是(　　)。

A. 0　　B. 2　　C. 1　　D. 3

3. 以下叙述中正确的是(　　)。

A. 一条语句只能定义一个数组

B. 每个数组包含一组具有同一类型的变量,这些变量在内存中占有连续的存储单元

C. 数组说明符的一对方括号中只能使用整型常量,而不能使用表达式

D. 在引用数组元素时,下标表达式可以使用浮点数

4. 以下叙述中正确的是(　　)。

A. 语句 int a[8]={0}；是合法的

B. 语句 int a[]={0}；是不合法的,遗漏了数组的大小

C. 语句 char a[2]={"A", "B"}；是合法的,定义了一个包含两个字符的数组

D. 语句 char a[3]; a="AB"；是合法的,数组有三个字符空间的容量,可以保存两个字符

5. 设有如下程序段：

```
int a[1]={0};
int b[]={9};
char c[3]={"A", "B"};
char d="12";
```

以下叙述中正确的是(　　)。

A. a、b 的定义合法,c、d 的定义不合法

B. a、b、c、d 的定义都是合法的

C. a、b、c 的定义是合法的，d 的定义不合法

D. 只有 a 的定义是合法的

6. C99 标准前，若要求定义具有 10 个 int 型元素的一维数组 a，则以下定义语句中错误的是（　　）。

A. #define n 5
int a[2 * n];

B. int n=10,a[n];

C. int a[5+5];

D. #define N 10
int a[N];

7. 以下定义数组的语句中错误的是（　　）。

A. int num[][3]={{1,2},3,4,5,6 };

B. int num[2][4]={{1,2},{3,4},{5,6} };

C. int num[]={1,2,3,4,5,6 };

D. int num[][4]={1,2,3,4,5,6};

8. 设有定义：

```
char s[81];  int i=0;
```

以下不能将一行（不超过 80 个字符）带有空格的字符串正确读入的语句或语句组是（　　）。

A. scanf("%s",s);

B. while((s[i++]=getchar())! ='\n'); s[i]='\0';

C. gets(s);

D. do{ scanf("%c",&s[i]); }while(s[i++]! ='\n'); s[i]='\0';

9. 以下程序用于给数组的所有元素输入数据，下画线处应填的答案是（　　）。

```
#include <stdio.h>
int main( )
{
    int a[10], i=0;
    while( i<10 )  scanf("%d", ___________ );
    ……
    return 0;
}
```

A. a+(i++)　　B. &a[i+1]　　C. a+i　　D. &a(i++)

10. 有以下程序：

```
#include <stdio.h>
#include <string.h>
int main( )
{
    char str[12]={ 's','t', 'r', 'i', 'n', 'g'};
    printf("%d\n", strlen( str ) );
    return 0;
}
```

程序的输出结果是（　　）。

A. 6　　B. 7　　C. 11　　D. 12

11. 以下关于字符串处理的叙述中正确的是(　　)。

A. 进行字符串复制时,目的字符串的存储空间必须足够大

B. 两个字符串进行比较时,短的一个必定比长的一个小

C. 计算一个字符串的长度时,应包含字符串尾部的结束标志

D. 两个字符串连接时,对存储空间的大小没有要求

12. 有以下程序:

```
#include <stdio.h>
int main( )
{
    int i, t[][3]={9,8,7,6,5,4,3,2,1};
    for(i=0; i<3; i++)
        printf("%d ",t[2-i][i]);
    return 0;
}
```

程序的输出结果是(　　)。

A. 3 5 7　　B. 7 5 3　　C. 3 6 9　　D. 7 5 1

13. 有以下程序:

```
#include <stdio.h>
int main( )
{
    int a[4][4]={{1,4,3,2},{8,6,5,7},{3,7,2,5},{4,8,6,1}}, i, k, t;
    for (i=0; i<3; i++)
        for (k=i+1; k<4; k++)
            if (a[i][i]<a[k][k])
            {
                t=a[i][i];
                a[i][i]=a[k][k];
                a[k][k]=t;
            }
    for (i=0;i<4;i++)
        printf("%d,", a[0][i]);
    return 0;
}
```

程序的输出结果是(　　)。

A. 1,1,2,6,　　B. 6,2,1,1,　　C. 6,4,3,2,　　D. 2,3,4,6,

14. 以下选项中错误的定义语句是(　　)。

A. int x[4][3]={{1,2,3},{1,2,3},{1,2,3},{1,2,3}};

B. int x[4][]={{1,2,3},{1,2,3},{1,2,3},{1,2,3}};

C. int x[][3]={{0},{1},{1,2,3}};

D. int x[][3]={1,2,3,4};

15. 以下叙述中正确的是(　　)。

A. 语句 int a[4][3]={{1,2},{4,5}};是错误的初始化形式
B. 语句 int a[4][3]={1,2,4,5};是错误的初始化形式
C. 语句 int a[][3]={1,2,4,5};是错误的初始化形式
D. 二维数组定义时,第一维下标和第二维下标的长度都要写出来

16. 有以下程序:

```
#include <stdio.h>
int main( )
{
    int i, x[3][3]={ 1,2,3,4,5,6,7,8,9 };
    for( i=0; i<3; i++)
        printf( "%d ", x[i][2-i] );
    printf( "\n" );
    return 0;
}
```

程序的输出结果是(　　)。

A. 1 5 0　　B. 3 5 7　　C. 1 4 7　　D. 3 6 9

17. 设有定义:

```
int x[2][3];
```

以下关于二维数组 x 的叙述中错误的是(　　)。

A. 元素 x[0]可看作由 3 个整型元素组成的一维数组
B. 数组 x 可以看作由 x[0]和 x[1]两个元素组成的一维数组
C. 可以用 x[0]=0;的形式为数组的所有元素赋初值 0
D. x[0]和 x[1]是数组名,分别代表一个地址常量

18. 有以下程序:

```
#include <stdio.h>
int main( )
{
    char w[20], a[5][10]={"abcdef", "ghijkl", "mnopq", "rstuv", "wxyz"};
    int i,j;
     for (i=0; i<5; i++)
    {
         j=0;
         while (a[i][j]!='\0')  j++;
         w[i]=a[i][j/2+1];
     }
     w[5]='\0';
     puts(w);
     return 0;
}
```

程序的输出结果是(　　)。

A. ekpuz　　B. agmrw　　C. flqvz　　D. djoty

19. 有以下程序：

```
#include <stdio.h>
int main( )
{
    int i, k;
    int array[4][2]={{1,0}, {0}, {2,9}, {3}};
    for (i=0; i<2; i++)
        for (k=0; k<3; k++)
        {
            printf("%d,", array[k][i]);
        }
    printf("\n");
    return 0;
}
```

程序的输出结果是(　　)。

A. 1,0,2,0,0,9,　　B. 1,2,4,9,6,0,

C. 2,9,0,0,1,4,　　D. 1,2,0,1,4,1,

20. 有以下程序：

```
#include <stdio.h>
int main( )
{
    int b[3][3]={0,1,2,0,1,2,0,1,2}, i, j, t=1;
    for(i=0;i<3;i++)
        for(j=i;j<=i;j++)
            t+=b[i][b[j][i]];
    printf("%d\n", t);
    return 0;
}
```

程序的输出结果是(　　)。

A. 3　　B. 4　　C. 1　　D. 9

21. 若有以下程序：

```
#include <stdio.h>
int main( )
{
    char w[20], a[5][10]={"abcdef", "ghijkl", "mnopq", "rstuv", "wxyz"};
    int p[6][2]={{0,1},{1,5},{0,0},{0,2},{1,4},{4,4}}, i;
    for (i=0; i<6; i++)  w[i]=a[ p[i][0] ][ p[i][1] ];
    puts(w);
    return 0;
}
```

程序的输出结果是(　　)。

A. catis　　B. ababj　　C. ckbdl　　D. black

22. 以下选项中能正确定义二维数组的是(　　)。

A. double a[][3]={2 * 3};　　B. double a[][3];

C. double a[][3]={ };　　D. double a[2];

23. 若有定义语句：

```
char s[10]="1234567\0\0";
```

则 strlen(s)的值是(　　)。

A. 7　　B. 8　　C. 9　　D. 10

24. 有以下程序：

```
#include <stdio.h>
#include <string.h>
int main( )
{
    char p[20]={'a', 'b', 'c', 'd'}, q[]="abc", r[]="abcde";
    strcat(p, r);
    strcpy(p+ strlen(q), q);
    printf("%d\n", strlen(p));
    return 0;
}
```

程序的输出结果是(　　)。

A. 11　　B. 9　　C. 6　　D. 7

25. 有以下程序：

```
#include <stdio.h>
#include <string.h>
int main( )
{
    char a[20]="ABCD\0EFG\0",b[]="IJK";
    strcat(a,b);
    printf("%s\n",a);
    return 0;
}
```

程序的输出结果是(　　)。

A. IJK　　B. ABCDE\0FG\0IJK

C. ABCDIJK　　D. EFGIJK

26. 有以下程序段：

```
char name[20];
int num;
scanf("name=%s  num=%d",name, &num);
```

执行上述程序段，并从键盘输入 name=Lili　num=1001<回车>后，name 的值为(　　)。

A. name=Lili　num=1001　　B. name=Lili

C. Lili　num=　　D. Lili

27. 有以下程序：

```
#include <stdio.h>
int main( )
{
    char s[]={"012xy"};
    int i,n=0;
    for(i=0; s[i]!=0; i++)
        if(s[i]>='a'&&s[i]<='z')
            n++;
    printf("%d\n",n);
    return 0;
}
```

程序的输出结果是(　　)。

A. 0　　B. 2　　C. 3　　D. 5

28. 有以下程序：

```
#include <stdio.h>
int main( )
{
    char s[]="abcde";
    s+=2;
    printf("%d\n",s[0]);
    return 0;
}
```

程序的输出结果是(　　)。

A. 输出字符'c'的 ASCII 码　　B. 程序出错

C. 输出字符'c'　　D. 输出字符'a'的 ASCII 码值

29. 若有以下程序：

```
#include <stdio.h>
int main( )
{
    int i,j=0;
    char a[]="How are you! ";
    for (i=0; a[i]; i++)
        if (a[i] != ' ')  a[j++]=a[i];
    a[j]='\0';
    printf("%s\n",a);
    return 0;
}
```

程序的输出结果是(　　)。

A. Hay!　　B. Howareyou

C. Howareyou!　　D. How are you!

30. 若有以下程序：

```
#include <stdio.h>
int main( )
{
    char a[20], b[ ]="The sky is blue.";
    int i;
    for (i=0; i<7; i++)
    scanf("%c", &b[i]);
    gets(a);
    printf("%s%s\n", a,b);
    return 0;
}
```

若程序运行时输入：

```
Fig flower is red.<回车>
```

则输出结果是(　　)。

A. wer is red. Fig flo is blue.　　B. wer is red. Fig flo

C. wer is red. The sky is blue.　　D. Fig flower is red. The sky is blue.

31. 有以下程序：

```
#include <stdio.h>
#include <string.h>
int main( )
{
    int i, len;
    char b[]="Welcome you to Beijing! ";
    len=strlen(b);
    for (i=0;i<len; i++)
        if ( b[i] ==' ' )
        {
            strcpy(b, b+i+1);
            i=0;
        }
    printf( "%s\n", b );
    return 0;
}
```

程序的输出结果是(　　)。

A. Beijing!　　B. to Beijing!

C. Welcome you to Beijing!　　D. you to Beijing!

32. 有以下程序：

```
#include <stdio.h>
int main( )
{
    char s[]="012xy\08s34f4w2";
    int i, n=0;
    for ( i=0; s[i]! =0; i++)
```

```
        if(s[i] >='0' && s[i] <='9')  n++;
    printf("%d\n",n);
    return 0;
}
```

程序的输出结果是(　　)。

A. 7　　B. 0　　C. 3　　D. 8

二、程序填空题

1. 下列程序的功能是用冒泡法进行排序。

```
#include <stdio.h>
int main( )
{
    int a[10],i,j,t;
    for(i=0;i<10;i++)
        scanf("%d",&a[i]);
    for(i=1; ____【1】____ ;i++)
        for(j=0; ____【2】____ ;j++)
            if(a[j]>a[j+1])
            {
                t=a[j];a[j]=a[j+ 1];a[j+ 1]=t;
            }
    for(i=0;i<=9;i++)
        printf("%4d",a[i]);
    printf("\n");
    return 0;
}
```

2. 下列程序的功能是输出 26 个英文大写字母。

```
#include <stdio.h>
int main( )
{
    char string[256];
    int i;
    for (i=0; i <26; ____【1】____ )
        string[i]= ____【2】____ ;
    string[i]='\0';
    printf ("the arrary contains %s\n", ____【3】____ );
    return 0;
}
```

3. 下列程序的功能是删除字符串中的指定字符,字符串和要删除的字符均从键盘输入。

```
#include <stdio.h>
int main( )
{
    char str[80],ch;
```

```
    int i,k=0;
    gets( 【1】 );
    ch=getchar();
    for(i=0; 【2】 ;i++)
        if(str[i]!=ch)
        {
            【3】 ;
            k++;
        }
    【4】 ;
    puts(str);
    return 0;
}
```

4.下列程序的功能是用选择法对10个整数按升序排列。

```
#include <stdio.h>
【1】
int main()
{
    int i,j,k,t,a[N];
    for(i=0;i<=N-1;i++)
        scanf("%d",&a[i]);
    for(i=0;i<N-1;i++)
    {
        【2】 ;
        for(j=i+1; 【3】 ;j++)
            if(a[j]<a[k])  k=j;
        if( 【4】 )
        {
            t=a[i];
            a[i]=a[k];
            a[k]=t;
        }
    }
    printf("output the sorted array:\n");
    for(i=0;i<=N-1;i++)
        printf("%5d",a[i]);
    printf("\n");
    return 0;
}
```

5.下列程序的功能是生成并输出杨辉三角的前7行。

```
1
1    1
1    2    1
1    3    3    1
1    4    6    4    1
1    5    10   10   5    1
1    6    15   20   15   6    1
```

```
#include <stdio.h>
int main( )
{
    int a[7][7];
    int i,j;
    for(i=0;i<7;i++)
    {
        a[i][0]=1;
        ____【1】____ ;
    }
    for (i=2;i<7;i++)
        for (j=1;j< ____【2】____ ;j++)
            a[i][j]= ____【3】____ ;
    for (i=0;i<7;i++)
    {
        for (j=0; ____【4】____ ;j++)
            printf("%6d",a[i][j]);
        printf("\n");
    }
    return 0;
}
```

6. 下列程序的功能是输出 2 行 3 列数组 a 中各元素的值。要求先输出第二行元素，再输出第一行元素，且输出每行元素后换行。

```
#include <stdio.h>
int main( )
{
    int m,n,i,j;
    int a[2][3];
    for (m=1;m>=0;m--)
    {
        for(n=0;n<3;n++)
            scanf("%d",&a[m][n]);
    }
    for ( ____【1】____ )
    {
        for(j=0;j<3;j++)
            printf("%d",a[i][j]);
        ____【2】____ ;
    }
    return 0;
}
```

7. 下列程序的功能是将一个数组中的元素按逆序存放。

```
#include <stdio.h>
#define N 7
int main( )
{
    static int a[N]={12,9,16,5,7,2,1},k,s;
    printf("\n the origanal array:\n");
    for(k=0;k<N;k++)
        printf("%4d",a[k]);
    for (k=0;k<N/2; ____【1】____ )
    {
        s=a[k];
        ____【2】____;
        ____【3】____;
    }
    printf("\n the changed array:\n");
    for (k=0;k<N;k++)
        ____【4】____ ("%4d",a[k]);
    return 0;
}
```

8. 下列程序的功能是求矩阵的转置。

```
#include <stdlib.h>
#include <stdio.h>
int main( )
{
    int a[2][4]={1,3,5,7,2,4,6,8},b[4][2];
    int i,j;
    for(i=0;i<2;i++)
        for(j=0;j<4;j++)
            b[j][i]= ____【1】____ ;
    for(i=0;i< ____【2】____ ;i++)
        printf("%2d  %2d\n",b[i][0],b[i][1]);
    return 0;
}
```

三、程序改错题

1. 下列程序的功能是计算并输出数组中所有正数的平均值。

```
#include <stdio.h>
int main( )
{
    int s[10]={-50,10,80,90,-6,8,100,-70,8,9};
    float  sum=0.0;
    int i,c=0;
    double aver;
    /**********【1】**********/
```

```
    for(i=0; i<=10; i++)
    {
        if (s[i]>0)
        {
            sum+=s[i];
            c++;
        }
    }
    /**********【2】**********/
    aver=sum*c;
    printf("%f\n",aver);
    return 0;
}
```

2.下列程序的功能是先从键盘上输入一个3行3列矩阵中各个元素的值,然后输出主对角线上的元素之和sum。

```
#include <stdio.h>
int main( )
{
    int a[3][3],sum;
    int i,j;
    sum=0;
    for(i=0;i<3;i++)
        for(j=0;j<3;j++)
            scanf("%d",&a[i][j]);
    for(i=0;i<3;i++)
    /**********【1】**********/
        sum=sum+a[i][j];
    /**********【2】**********/
    printf("sum=%f\n",sum);
    return 0;
}
```

四、程序设计题

1.实现矩阵(3行3列)的转置。例如,若有下面的矩阵:

```
100  200  300
400  500  600
700  800  900
```

则程序输出:

```
100  400  700
200  500  800
300  600  900
```

2. 将一组得分(10 个)去掉一个最高分和一个最低分,然后求平均值。例如,若输入 9.9、8.5、7.6、8.5、9.3、9.5、8.9、7.8、8.6、8.4 十个得分,则输出结果为 8.687500。

3. 将 ss 所指字符串中所有下标为奇数的字母转换为大写(若该位置上不是字母,则不转换)。例如,若输入 abc4Efg,则应输出 aBc4EFg。

4. 输入一个以<回车>结束的字符串(少于 80 个字符),将它的内容逆序输出。如 ABCD 的逆序为 DCBA。示例如下。

输入:

```
Welcome to you!
```

输出:

```
!uoy ot emocleW
```

5. 移动字符串中的内容,移动的规则是将第 1～m 个字符,平移到字符串的最后,将第 $m+1$ 个字符到最后的字符移到字符串的前部。例如,字符串中原有的内容为"ABCDEFGHIJK",m 的值为 3,移动后,字符串中的内容应该是"DEFGHIJKABC"。

习题八 函 数

一、选择题

1. 下列叙述中正确的是(　　)。

A. C 语言程序中所有函数之间都可以相互调用

B. C 语言程序中 main()函数的位置是固定的

C. C 语言程序的函数中不能定义另一个函数

D. 每个 C 语言程序文件中都必须要有一个 main()函数

2. 若要使用 C 语言 math 库中的 sin()函数,需要在源程序的头部加上 #include <math.h>。关于引用 math 库,以下叙述中正确的是(　　)。

A. 通过引用 math.h 文件,说明 sin()函数的参数个数和类型,以及函数返回值类型

B. 将 math 库中的 sin()函数连接到编译生成的可执行文件中,以便能正确运行

C. 将 math 库中的 sin()函数的源程序插入引用处,以便进行编译和连接

D. 实际上,不引用 math.h 文件也能正确调用 sin()函数

3. 以下叙述中正确的是(　　)。

A. C 语言程序由函数组成,可以不包含 main()函数

B. 每个 C 语言程序文件中的 main()函数都应当放在最前面

C. 每个 C 语言程序文件都应当包含一个 main()函数

D. 每个 C 语言程序都只能有一个 main()函数

4. 以下叙述中正确的是(　　)。

A. 函数名允许用数字开头

B. 调用函数时,不必区分函数名的大小写

C. 调用函数时,函数名必须与被调用的函数名完全一致

D. 在函数体中只能出现一次 return 语句

5. 函数调用语句:fun((exp1, exp2), (exp1, exp2, exp3)); 含有的实参个数是(　　)。

A. 1　　B. 4　　C. 5　　D. 2

6. 有以下程序:

```
#include <stdio.h>
int main( )
{
    int findmax(int,int,int),m;
    ……
    m=findmax(a,b,c);
    ……
}
int findmax(int x,int y,int z)
{        ……          }
```

以下叙述中正确的是(　　)。

A. 在 main()函数中声明了 findmax()函数

B. 在 main()函数中定义了 findmax()函数

C. 在 main()函数中两次调用了 findmax()函数

D. 在 main()函数内外重复定义了 findmax()函数

7. 有以下程序:

```
#include <stdio.h>
double f(double x);
int main( )
{
    double a=0;    int i;
    for ( i=0; i<30; i+=10 )
        a+=f( (double)i );
    printf ("%3.0f\n", a);
    return 0;
}
double f(double x)
{  return  x* x+ 1;  }
```

程序的输出结果是(　　)。

A. 500　　B. 401　　C. 503　　D. 1404

8. 以下叙述中正确的是(　　)。

A. 用户自定义的函数只能调用库函数

B. 实用的 C 语言源程序总是由一个或多个函数组成的

C. 不同函数的形参不能使用相同名称的标识符

D. 在 C 语言的函数内部,可以定义局部嵌套函数

9. 有以下程序：

```
#include <stdio.h>
int a=4;
int f(int n)
{
    int t=0;
    static int a=5;
    if (n%2)
        {  int a=6; t+=a++; }
    else
        {  int a=7; t+=a++; }
    return  t+ a++;
}
int main( )
{
    int s=a, i=0;
    for(; i<2; i++) s+=f(i);
    printf("%d\n", s);
    return 0;
}
```

程序的输出结果是(　　)。

A. 36　　B. 24　　C. 32　　D. 28

10. 有以下程序：

```
#include <stdio.h>
int f(int n)
{
    int t=0, a=5;
    if(n/2)
        {  int a=6; t+=a++; }
    else
        {  int a=7; t+=a++; }
    return t+a++;
}
int main( )
{
    int s=0, i=0;
    for (; i<2; i++)   s+=f(i);
    printf("%d\n", s);
    return 0;
}
```

程序的输出结果是(　　)。

A. 28　　B. 24　　C. 32　　D. 36

11. 当函数调用的实参为整型变量时，以下关于函数形参和实参的叙述中正确的是(　　)。

A. 函数的形参和实参分别占用不同的存储单元

B. 形参只是形式上存在，不占用实际的存储单元

C. 同名的实参和形参占用同一存储单元

D. 函数的实参和其对应的形参共同占用同一存储单元

12. 以下叙述中错误的是(　　)。

A. C 语言程序必须由一个或一个以上的函数组成

B. 函数调用可以作为一个独立的语句存在

C. 若函数有返回值,则必须通过 return 语句返回

D. 函数形参的值也可以传回给对应的实参

13. 以下关于 C 语言中函数参数传递方式的叙述中正确的是(　　)。

A. 数据只能从实参单向传递给形参

B. 数据可以在实参和形参之间双向传递

C. 数据只能从形参单向传递给实参

D. C 语言的函数参数既可以从实参单向传递给形参,也可以在实参和形参之间双向传递,可视情况选择

14. 有以下程序:

```
#include <stdio.h>
int fun(int a,int b)
{
    return  a+b;
}
int main( )
{
    int x=6,y=7,z=8,r;
    r=fun(fun(x,y),z--);
    printf ("%d\n", r );
    return 0;
}
```

程序的输出结果是(　　)。

A. 21　　B. 15　　C. 20　　D. 31

15. 有以下程序:

```
#include <stdio.h>
void fun(int a,int b,int c)
{
    a=b;  b=c; c=a;
}
int main( )
{
    int a=10, b=20, c=30;
    fun(a,b,c) ;
    printf("%d,%d,%d\n",c,b,a) ;
    return 0;
}
```

程序的输出结果是(　　)。

A. 10,20,30　　B. 30,20,10　　C. 20,30,10　　D. 0,0,0

16. 若有以下程序：

```
#include <stdio.h>
void f(int x)
{
    if (x>=10)
    {
        printf("%d-",x%10);
        f(x/10);
    }
    else
        printf("%d",x);
}
int main( )
{
    int z=123456;
    f(z);
    return 0;
}
```

程序的输出结果是(　　)。

A. 6—5—4—3—2—1—　　B. 6—5—4—3—2—1

C. 1—2—3—4—5—6　　D. 1—2—3—4—5—6—

17. 以下关于 return 语句的叙述中正确的是(　　)。

A. 一个自定义函数中必须有一条 return 语句

B. 一个自定义函数中可以根据不同情况设置多条 return 语句

C. 定义成 void 类型的函数中可以有带返回值的 return 语句

D. 没有 return 语句的自定义函数在执行结束时不能返回到调用处

18. 以下叙述中错误的是(　　)。

A. 用户自定义的函数中可以没有 return 语句

B. 用户自定义的函数中可以有多个 return 语句，以便调用一次可以返回多个函数值

C. 用户自定义的函数中若没有 return 语句，则应当将函数定义为 void 类型

D. 函数的 return 语句中可以没有表达式

19. 若各选项中所用变量已正确定义，函数 fun()通过 return 语句返回一个值，以下选项中错误的是(　　)。

A. int main( )
{……x=fun(2,10);……}
float fun(int a,int b) {……}

B. float fun(int a,int b) {……}
int main( )
{……x=fun(i,j);……}

C. float fun(int ,int);
int main( )
{……x=fun(2,10);…… }

D. int main( )
{ float fun(int i,int j);
……x=fun(i,j);……}

20. 有以下程序：

```
#include <stdio.h>
int f(int x)
{
    int y;
    if(x==0||x==1)
        return(3);
    y=x*x-f(x-2);
    return  y;
}
int main( )
{
    int z;
    z=f(3);
    printf("%d\n",z);
    return 0;
}
```

程序的输出结果是(　　)。

A. 0　　B. 9　　C. 6　　D. 8

21. 有以下程序：

```
#include <stdio.h>
char f(char x)
{
    return x*x+'a';
}
int main( )
{
    char a, b=0;
    for(a=0; a<4; a+=1)
    {
        b=f(a) ;
        putchar(b) ;
    }
    return 0;
}
```

程序的输出结果是(　　)。

A. abcd　　B. ABEJ　　C. abej　　D. ABCD

22. 有以下程序：

```
#include <stdio.h>
char f(char x)
{
    return  x*x%10+'0';
}
int main( )
{
    char a;
```

```
    int b=0;
    for(a=0; a<5; a+=1)
    {
        b=f(a) ;
        putchar(b);
    }
    return 0;
}
```

程序的输出结果是(　　)。

A. 014916　　B. 01234　　C. 01496　　D. 00000

23. 以下针对全局变量的叙述中错误的是(　　)。

A. 全局变量的作用域是从定义位置开始至源文件结束

B. 全局变量是在函数外部的任意位置定义的变量

C. 用 extern 说明符可以限制全局变量的作用域

D. 全局变量的生存期贯穿于整个程序的运行期间

24. 有如下程序：

```
#include <stdio.h>
int sum(int a, int b)
{
    return a+b-2;
}
int main( )
{
    int i;
    for(i=0; i<5; i++)
        printf("%d",sum(i,3));
    printf("\n");
    return 0;
}
```

程序的输出结果是(　　)。

A. 54321　　B. 01234　　C. 45678　　D. 12345

25. 有以下程序：

```
#include <stdio.h>
int new_div(double a,double b)
{
    return a/b+0.5;
}
int main( )
{
    printf("%d",new_div(7.8,3.1));
    return 0;
}
```

程序的输出结果是(　　)。

A. 1　　B. 2　　C. 3　　D. 0

26. 关于C语言中函数声明的位置，以下叙述中正确的是(　　)。

A. 在函数声明之后对该函数进行调用，编译时不会出现错误信息

B. 函数声明可以出现在源程序的任意位置，在程序的所有位置对该函数进行调用，编译时都不会出现错误信息

C. 函数声明只能出现在源程序的开头位置，否则编译时会出现错误信息

D. 函数声明只是为了美观和编译时检查参数类型是否一致，可以写，也可以不写

27. 有如下函数定义：

```
int fun(int x,int y)
{  return  x-y;}
```

以下涉及上述函数的声明语句中错误的是(　　)。

A. int fun(int x,y);　　B. int fun(int ,int);

C. int fun(int a,int b) ;　　D. int i,fun(int x,int y);

28. 有以下程序：

```
#include <stdio.h>
int f(int x);
int main( )
{
    int n=1, m;
    m=f(f(f(n)));
    printf("%d\n",m);
    return 0;
}
int f(int x)
{
    return x*2;
}
```

程序的输出结果是(　　)。

A. 8　　B. 2　　C. 4　　D. 1

29. 有以下程序：

```
#include <stdio.h>
int fun(int x, int y)
{
    if(x! =y)
        return((x+y)/2);
    else
        return(x);
}
int main( )
{
    int a=4, b=5, c=6;
    printf("%d\n", fun(2*a,fun(b,c)));
    return 0;
}
```

程序的输出结果是(   )。

A. 6　　B. 3　　C. 8　　D. 12

30. 有以下程序：

```
#include <stdio.h>
int f(int x, int y)
{
    return((y-x)*x);
}
int main()
{
    int a=3, b=4, c=5, d;
    d=f(f(a,b), f(a, c));
    printf("%d\n",d);
    return 0;
}
```

程序的输出结果是(   )。

A. 7　　B. 10　　C. 8　　D. 9

31. 有以下程序：

```
#include <stdio.h>
void fac2(int );
void fac1(int n)
{
    printf("* ");
    if(n>0)
        fac2(n-1);
}
void fac2(int n)
{
    printf("#");
    if(n>0)
        fac2(--n);
}
int main()
{
    fac1(3);
    return 0;
}
```

程序的输出结果是(   )。

A. *###　　B. *##*　　C. **##　　D. *#*#

32. 有以下程序：

```
#include <stdio.h>
double fun(double a)
{
```

```
    double x;
    x=a-(int)a;
    return x;
}
int main()
{
    double a=3.1415;
    printf("%f\n", fun(a));
    return 0;
}
```

程序的输出结果是(　　)。

A. 3.000000　　B. 3.141500　　C. 0.141500　　D. 0.000000

33. 有以下程序：

```
#include <stdio.h>
void fun2(char a, char b)
{
    printf("%c %c ",a,b) ;
}
char a='A', b='B';
void fun1()
{
    a='C';
    b='D';
}
int main()
{
    fun1();
    printf("%c %c ",a,b);
    fun2('E', 'F');
    return 0;
}
```

程序的输出结果是(　　)。

A. A B E F　　B. C D E F　　C. A B C D　　D. C D A B

34. 有以下程序：

```
#include <stdio.h>
int a=2;
int f(int m)
{
    static int n;
    n=0; n++; a++;
    return  n+m+a;
}
int main()
{
```

```
    int k;
    for(k=0; k<4; k++)
        printf("%d,", f(k));
    return 0;
}
```

程序的输出结果是(　　)。

A. 4,5,6,7,　　B. 4,7,10,13,　　C. 4,6,8,10,　　D. 3,5,7,9,

35. 以下叙述中正确的是(　　)。

A. 局部变量不能被说明为 static

B. 只有全局变量才有自己的作用域,函数中的局部变量没有作用域

C. 当函数内部出现的变量名与外部变量名相同时,起作用的是外部变量

D. 只要是用户定义的标识符,就都有一个有效的作用域

36. 有以下程序:

```
#include <stdio.h>
int d=1;
void fun(int p)
{
    int d=5;
    d+=p++;
    printf("%d ",d);
}
int main( )
{
    int a=3;
    fun(a);
    d+=a++;
    printf("%d\n", d);
    return 0;
}
```

程序的输出结果是(　　)。

A. 8　4　　B. 9　6　　C. 9　4　　D. 8　5

37. 有如下程序:

```
#include <stdio.h>
void get_put( )
{
    char ch;
    ch=getchar();
    if(ch !='\n')
        get_put();
    putchar(ch);
}
int main( )
{
```

```
    get_put();
    printf("\n");
    return 0;
}
```

程序运行时，若输入 1234＜回车＞，则输出结果是(　　)。

A. 1234　　B. 4321　　C. 4444　　D. 1111

38. 在 C 语言中，只有在使用时才占用内存单元的变量，其存储类型是(　　)。

A. auto 和 static　　B. extern 和 register

C. auto 和 register　　D. static 和 register

39. 有以下程序：

```
#include <stdio.h>
int fun(int a,int b)
{
    static int m=0, i=2;
    i+=m+1;
    m=i+a+b;
    return  m;
}
int main( )
{
    int k=4, m=1, p;
    p=fun(k,m);
    printf("%d,",p);
    p=fun(k,m);
    printf("%d\n",p);
    return 0;
}
```

程序的输出结果是(　　)。

A. 8,17　　B. 8,16　　C. 8,8　　D. 8,20

40. 有以下程序：

```
#include <stdio.h>
int m=12;
int fun( int x,int y)
{
    static int m=3;
    m=x*y-m;
    return (m);
}
int main( )
{
    int a=7, b=5;
    m=fun(a,b)/m;
    printf("%d\n", fun(a,b)/m);
    return 0;
}
```

程序的输出结果是(　　)。

A. 2　　B. 1　　C. 3　　D. 0

41. 有以下程序：

```
#include <stdio.h>
int m=1,n=2;
void sub1(int m,int n)
{
    m+=2;
    n++;
}
void sub2( )
{
    m++;
    n+=2;
}
int main( )
{
    printf("%d,%d,",m,n);
    sub1(4,5);
    printf("%d,%d,",m,n);
    sub2();
    printf("%d,%d\n",m,n);
    return 0;
}
```

程序的输出结果是(　　)。

A. 1,2,1,2,2,4　　B. 1,2,6,6,7,8

C. 1,2,2,4,2,4　　D. 1,2,6,6,2,4

42. 有以下程序：

```
#include <stdio.h>
int fun(int a)
{
    int b=0;
    static int c=3;
    a=(c++,b++);
    return (a) ;
}
int main( )
{
    int a=2,i,k;
    for( i=0; i<2; i++)
        k=fun(a++);
    printf("%d\n",k );
    return 0;
}
```

程序的输出结果是(　　)。

A. 4　　B. 0　　C. 1　　D. 2

43. 有以下程序：

```
#include <stdio.h>
void f(int b[])
{
    int i;
    for (i=2; i<6; i++)
        b[i] *=2;
}
int main( )
{
    int a[10]={1,2,3,4,5,6,7,8,9,10}, i;
    f(a);
    for(i=0; i<10; i++)
        printf("%d,", a[i]);
    return 0;
}
```

程序的输出结果是(　　)。

A. 1,2,3,4,5,6,7,8,9,10,　　B. 1,2,6,8,10,12,7,8,9,10,

C. 1,2,3,4,10,12,14,16,9,10,　　D. 1,2,6,8,10,12,14,16,9,10,

44. 有以下程序：

```
#include <stdio.h>
int fun( char s[])
{
    int n=0;
    while(*s <='9'&&*s >='0')
    {
        n=10*n+*s-'0' ;
        s++;
    }
    return (n);
}
int main( )
{
    char s[10]={ '6', '1', '*', '4', '*', '9', '*', '0', '*'};
    printf("%d\n",fun(s));
    return 0;
}
```

程序的输出结果是(　　)。

A. 5　　B. 9　　C. 61　　D. 61490

45. 有以下程序：

```
#include <stdio.h>
#define N 4
void fun(int a[][N])
{
```

```
    int b[N][N],i,j;
    for(i=0; i<N; i++)
        for(j=0; j<N; j++)
            b[i][j]=a[N-1-j][i];
    for(i=0; i<N; i++)
        for(j=0; j<N; j++)
            a[i][j]=b[i][j];
}
int main( )
{
    int x[N][N]={{1, 2, 3, 4},{5, 6, 7, 8},{9,10,11,12},{13,14,15,16}},i;
    fun(x);
    for(i=0; i<N; i++)
        printf("%d,", x[i][i]);
    printf("\n");
    return 0;
}
```

程序的输出结果是(　　)。

A. 13,10,7,4,　B. 1,6,11,16,　C. 4,7,10,13,　D. 1,5,9,13,

46. 有以下程序：

```
#include <stdio.h>
void fun(int a[ ], int n)
{
    int i,j=0,k=n-1, b[10];
    for (i=0; i<n/2; i++)
    {
        b[i] =a[j];
        b[k]=a[j+1];
        j+=2;
        k--;
    }
    for (i=0; i<n; i++)
        a[i]=b[i];
}
int main( )
{
    int c[10]={10,9,8,7,6,5,4,3,2,1},i;
    fun(c, 10);
    for(i=0; i<10; i++)
        printf("%d,", c[i]);
    printf("\n");
    return 0;
}
```

程序的输出结果是(　　)。

A. 10,8,6,4,2,1,3,5,7,9,　B. 10,9,8,7,6,5,4,3,2,1,

C. 1,2,3,4,5,6,7,8,9,10,　D. 1,3,5,7,9,10,8,6,4,2,

47. 有以下程序：

```
#include <stdio.h>
#define N 4
void fun(int a[][N])
{
    int b[N][N],i,j;
    for(i=0; i<N; i++)
        for(j=0; j<N; j++)
            b[i][j]=a[N-1-j][i];
    for(i=0; i<N; i++)
        for(j=0; j<N; j++)
            a[i][j]=b[i][j];
}
int main( )
{
    int x[N][N]={{1,2,3,4},{5,6,7,8},{9,10,11,12},{13,14,15,16}},i;
    fun(x); fun(x);
    for (i=0; i<N; i++)
        printf("%d,", x[i][i]);
    printf("\n");
    return 0;
}
```

程序的输出结果是(　　)。

A. 16,11,6,1,　B. 1,6,11,16,　C. 4,7,10,13,　D. 13,10,7,4,

48. 有以下程序：

```
#include <stdio.h>
void fun(int a[ ], int n)
{
    int i,j=0,k=n/2, b[10];
    for(i=n/2-1; i>=0; i--)
    {
        b[i]=a[j];
        b[k]=a[j+ 1];
        j+=2;
        k++;
    }
    for (i=0; i<n; i++)
        a[i]=b[i];
}
int main( )
{
    int c[10]={10,9,8,7,6,5,4,3,2,1},i ;
    fun(c, 10);
    for(i=0; i<10; i++)
        printf("%d,", c[i]);
    printf("\n");
    return 0;
}
```

程序的输出结果是(　　)。

A. 2,4,6,8,10,9,7,5,3,1,　　B. 10,8,6,4,2,1,3,5,7,9,

C. 1,2,3,4,5,6,7,8,9,10,　　D. 1,3,5,7,9,10,8,6,4,2,

49. 设有以下程序段：

```
int main()
{
    int x[M][N];
        ……
    Arrlet(x);
        ……
}
```

作为函数 Arrlet()的形参,以下表示形式中非法的是(　　)。

A. int x[M][ ]　　B. int (*x)[N]

C. int x[ ][N]　　D. int x[M][N]

50. 有以下程序：

```
#include <stdio.h>
int fun(int a[],int k)
{
    if(k==0)
        return (a[0]);
    return a[0]+fun(a+1,k-1);
}
int main()
{
    int a[]={1,2,3,4,5};
    printf("%d\n", fun(a,3));
    return 0;
}
```

程序的输出结果是(　　)。

A. 4　　B. 3　　C. 10　　D. 9

二、程序填空题

1. 下列程序的功能是打印出所有的“水仙花数”(注:“水仙花数”是指一个三位数,其各位数字的立方和等于这个数本身)。

```
#include <stdio.h>
void f(int n)
{
    int i, j, k;
    i=n/100;
    j= ____【1】____ ;
    k=n%10;
    if( ____【2】____ )
    {
```

```
        printf("%5d\n",n);
    }
}
int main( )
{
    void f(int n);
    int i;
    for(i=100;i<1000;i++)
        f(i);
    return 0;
}
```

2. 下列程序的功能是通过函数的递归调用计算阶乘。

```
#include <stdio.h>
long power(int n)
{
    long f;
    if(n> 1)
        f= ___【1】___ ;
    else
        f=1;
    return(f);
}
int main( )
{
    int n;
    long y;
    printf("input a inteager number:\n");
    scanf("%d", ___【2】___ );
    y=power(n);
    printf("%d! =%ld\n",n, ___【3】___ );
    return 0;
}
```

3. 下列程序的功能是计算并输出 500 以内最大的 10 个能被 13 或 17 整除的自然数之和。

```
#include <stdio.h>
int fun( ___【1】___ )
{
    int m=0, mc=0;
    while (k >=2 &&___【2】___ )
    {
        if (k%13 ==0 || ___【3】___ )
        {
            m=m+ k;
            mc++;
        }
        k--;
    }
    ___【4】___ ;
```

```
}
int main( )
{
    printf("%d\n", fun(500));
    return 0;
}
```

4. fun()函数的功能是计算 $s=1+1/2!+1/3!+\cdots\cdots+1/n!$ 的值，请填写程序所缺内容。

```
#include <stdio.h>
double fun(int n)
{
    double s=0.0,fac=1.0;
    int i;
    for(i=1; i<=n; i++)
    {
        fac=fac * ____【1】____ ;
        s= ____【2】____ ;
    }
    return s;
}
int main( )
{
    double fun(int n);
    double s;
    int t;
    scanf("%d",&t);
    s=fun(t);
    printf("s=%f\n",s);
    return 0;
}
```

5. 下列程序的功能是调用函数 fun()，计算 $m=1-2+3-4+\cdots+9-10$ 的值，并输出结果。

```
#include <stdio.h>
int fun( int n)
{
    int m=0,f=1,i;
    for(i=1; ____【1】____ ;i++)
    {
        m+=i*f;
        ____【2】____ ;
    }
    return ____【3】____ ;
}
int main( )
{
    printf("m=%d\n", fun(10));
    return 0;
}
```

6. sum()函数的功能是计算 $1+2+3+\cdots+n$ 的累加和，请填写程序所缺内容。

```
#include <stdio.h>
int sum(int n)
{
    int i, ____【1】____ ;
    for(i=1;i<=n;i++)
    ____【2】____ ;
    return(sum);
}
int main( )
{
    int sum(int n);
    int a,b;
    scanf("%d",&a);
    b=sum(a);
    printf("%d\n",b);
    return 0;
}
```

7. 下列程序的功能是求 100～200 之间的素数。

```
#include <stdio.h>
#include <math.h>
void sushu(int m)
{
    int k;
    int i;
    ____【1】____
    for(i=2;i<=k;i++)
    ____【2】____
    if(i>=k+ 1)
        printf("%4d",m);
}
int main( )
{
    int m;
    for (m=101;m<=200;m++)
    ____【3】____ ;
    return 0;
}
```

三、程序改错题

1. 下列给定程序中，函数 fun()的功能是计算整数 n 的阶乘。

```
#include <stdlib.h>
#include <stdio.h>
```

```
double fun(int n)
{
    double result=1.0;
    while(n>1&&n<170)
    /************【1】************/
    result*=--n;
    /************【2】************/
    return;
}
int main()
{
    int n;
    system("CLS");
    printf("Enter an integer: ");
    scanf("%d",&n);
    printf("\n\n%d!=%lg\n\n ",n,fun(n));
    return 0;
}
```

2. 下列程序的功能是求出分数序列 2/1＋3/2＋5/3＋8/5＋13/8＋21/13＋…的前 n 项的和。和值通过函数返回给 main()函数后输出。

例如,若 $n=5$,则应输出 8.391667。

```
#include <stdio.h>
/**********【1】**********/
fun( int n )
{
    int a, b, c, k; double s;
    s=0.0; a=2; b=1;
    for (k=1;k<=n;k++)
    {
        /**********【2】**********/
        s=(double)a/b;
        c=a;
        a=a+b;
        b=c;
    }
    /**********【3】**********/
    return c;
}
int main()
{
    int n=5;
    printf( "\nThe value of function is: %lf\n", fun(n));
    return 0;
}
```

3. 下列程序的功能是根据整型形参 m,计算如下公式的值。

$$y=1/2+1/8+1/18+\cdots+1/(2\times m\times m)$$

```
#include <stdio.h>
double fun(int m)
{
    /**********【1】**********/
    double y=0
    int i;
    /**********【2】**********/
    for(i=1;i<m;i++)
    {
        /**********FOUND**********/
        y=+1.0/(2*i*i);
    }
    return(y);
}
int main( )
{
    int n;
    printf("Enter n: ");
    scanf("%d", &n);
    printf("\nThe result is %1f\n", fun(n));
    return 0;
}
```

4.下列程序的功能是计算正整数 num 的各位上的数字之积。例如，若输入 252，则输出应该是 20；若输入 202，则输出应该是 0。

```
#include <stdio.h>
long fun (long num)
{
    /**********【1】**********/
    long k=1
    do
    {
        k* =num%10;
        /**********【2】**********/
        num\=10;
        /**********【3】**********/
    }while(! num);
    return (k);
}
int main( )
{
    long n ;
    printf("Please enter a number:") ; scanf("%ld",&n) ;
    printf("\n%ld\n",fun(n));
    return 0;
}
```

5. 下列程序的功能是利用递归函数调用的方式，将所输入的 5 个字符以相反的顺序打印出来。

```
#include <stdio.h>
int main( )
{
    int i=5;
    void palin(int n);
    printf("请输入:");
    palin(i);
    printf("\n");
    return 0;
}
void palin(int n)
{
    char next;
    if(n<=1)
    {
        /**********【1】**********/
        next!=getchar();
        printf("\n\0:");
        putchar(next);
    }
    else
    {
        next=getchar();
        /**********【2】**********/
        palin(n);
        putchar(next);
    }
}
```

6. 下列给定程序中，函数 fun()的功能是判断一个整数是不是素数，若其是素数，则返回 1，否则返回 0。在 main( )函数中，若 fun()函数返回 1 则输出 YES，若 fun()函数返回 0 则输出 NO。

```
#include <stdlib.h>
#include <stdio.h>
int fun(int m)
{
    int k=2;
    while(k<=m &&(m%k))
    /***********【1】*********** /
    k++
    /***********【2】*********** /
    if(m=k)
        return 1;
    else
        return 0;
```

```
}
int main( )
{
    int n;
    system("CLS");
    printf("\nPlease enter n: ");
    scanf("%d",&n);
    if(fun(n))
        printf("YES\n");
    else
        printf("NO\n");
    return 0;
}
```

7.函数 fun()的功能是计算并输出 n(包括 n)以内能被 5 或 9 整除的所有自然数的倒数之和。例如,在主函数 main()中从键盘给 n 输入 20 后,输出为 s=0.583333。注意:要求 n 的值不大于 100。

```
#include <stdio.h>
double fun(int n)
{
    int i;
    double sum=0.0;
    /**************【1】**************/
    if(n> 0||n<=100)
    {
        for (i=1;i<=n;i++)
            if(i%5==0||i%9==0)
                /**************【2】**************/
                sum+=1/i;
    }
    return sum;
}
int main( )
{
    int n;
    double s;
    printf("\nInput n: ");
    scanf("%d",&n);
    s=fun(n);
    printf("\n\ns=%f\n",s);
    return 0;
}
```

8.编写函数 fun(),求整数 n 以内(不包括 n)为 3 的倍数的数的和。在 main()函数中由键盘输入 n 值,并输出运算结果。

例如,若 n 值为 500,则结果为 41583。

```
#include <stdio.h>
long fun(int n)
{
int i;
    long int s=0;
    for(i=1;i<n;i++)
        if(i%3==0)
            s+=i;
    return s;
}
int main( )
{
    int n;
    long int result;
    printf("Enter n: ");
    /**********【1】**********/
    scanf("%d",n);
    /**********【2】**********/
    result=fun( );
    printf("Result=%ld\n",result);
    return 0;
}
```

9.函数 fun()的功能是求出两个非零正整数的最大公约数,并将其作为函数值返回。例如,若给 num1 和 num2 分别输入 49 和 21,则输出 7。

```
#include <stdio.h>
int fun(int a,int b)
{
    int r,t;
    if(a<b)
    {
        t=a;
        /**********【1】**********/
        b=a;
        /**********【2】**********/
        a=t;
    }
    r=a%b;
    while(r!=0)
    {
        a=b;
        b=r;
        r=a%b;
    }
    return b;
}
```

```
int main( )
{
    int num1,num2,a;
    scanf("%d%d",&num1,&num2);
    a=fun(num1,num2);
    printf("the maximum common divisor is %d\n\n",a);
    return 0;
}
```

10. 编写函数 fun(),用于求两个整数的最小公倍数,然后用主函数 main()调用这个函数并输出结果,两个整数从键盘输入。

```
#include <stdio.h>
int fun(int m,int n)
{
    int i;
    /**********【1】**********/
    if (m=n)
    {
        i=m;
        m=n;
        n=i;
    }
    for(i=m;i<=m* n;i+=m)
        /**********【2】**********/
        if(i%n==1)
            return(i);
    return 0;
}
int main( )
{
    unsigned int m,n,q;
    printf("m,n=");
    scanf("%d %d",&m,&n);
    /**********【3】**********/
    q==fun(m,n);
    printf("p(%d,%d)=%d",m,n,q);
}
```

11. 编写函数,求 2!+4!+6!+8!+10+12!+14!的值。

```
#include <stdio.h>
long sum(int n)
{
    /**********【1】**********/
    int i,j
    long t,s=0;
    /**********【2】**********/
    for(i=2;i<=n;i++)
```

```
    {
        t=1;
        for(j=1;j<=i;j++)
        t=t* j;
        s=s+ t;
    }
    /**********【3】**********/
    return(t);
}
int main( )
{
    printf("this sum=%ld\n",sum(14));
    return 0;
}
```

12. 打印出杨辉三角形(要求打印出 10 行)。

```
#include <stdio.h>
int main( )
{
    int i,j;
    int a[10][10];
    printf("\n");
    /**********【1】**********/
    for(i=1;i<10;i++)
    {
        a[i][0]=1;
        a[i][i]=1;
    }
    /**********【2】**********/
    for(i=1;i<10;i++)
        for(j=1;j<i;j++)
            /**********【3】**********/
            a[i][i]=a[i-1][j-1]+a[i-1][j];
    for(i=0;i<10;i++)
    {
        for(j=0;j<=i;j++)
            printf("%5d",a[i][j]);
        printf("\n");
    }
    return 0;
}
```

四、程序设计题

1. 用辗转相除法求两个整数的最大公约数。

```c
#include <stdio.h>
int gcd(int n,int m)
{
    /**********Program**********/


    /**********End**********/
}
int main( )
{
    int n, m, result;
    scanf("%d%d",&n, &m);
    result=gcd(n, m);
    printf("the gcd is %d\n", result);
    return 0;
}
```

2. 编写函数 fun(),并调用函数 fun()判断一个三位数是不是"水仙花数"。在 main()函数中从键盘输入一个三位数,并输出判断结果。

```c
#include <stdio.h>
int fun(int n)
{
    /**********Program**********/


    /**********End**********/
}
int main( )
{
    int n,flag;
    scanf("%d",&n);
    flag=fun(n);
    if(flag)
        printf("%d 是水仙花数\n",n);
    else
        printf("%d 不是水仙花数\n",n);
    return 0;
}
```

3. 编写函数 fun( ),其功能是求 Fibonacci 数列中大于 t 的最小数,结果由函数返回。Fibonacci 数列 $F(n)$的定义为:$F(0)=0$,$F(1)=1$,$F(n)=F(n-1)+F(n-2)$。例如,当 $t=1000$ 时,函数值为 1597。

```c
#include <math.h>
#include <stdio.h>
int fun( int t)
{
```

```
    /**********Program**********/

    /**********End**********/
}
int main( )   /* 主函数 * /
{
    int n;
    n=1000;
    printf("n=%d, f=%d\n",n, fun(n));
    return 0;
}
```

4. 根据整型形参 m，计算 $y=1/2+1/4+1/6+\cdots+1/(2m)$ 的值。例如，若 $m=9$，则应输出 1.414484。

```
#include <stdio.h>
double fun(int m)
{
    /**********Program**********/

    /**********End**********/
}
int main( )
{
    int n;
    printf("Enter n: ");
    scanf("%d", &n);
    printf("\nThe result is %lf\n", fun(n));
    return 0;
}
```

5. 从键盘输入一个正整数 n，计算 $n!$ 的值。要求定义和调用函数 fact(n)，计算 $n!$，该函数中形参 n 的类型是 int 型，函数类型是 double 型。例如，若 $n=5$，则应输出 5!=120.000000。

```
#include <stdio.h>
int main( )
{
    int n;
    double factorial;
    double fact(int n);
    scanf ("%d", &n);
    factorial=fact(n);
    printf("%d! =%f\n", n, factorial);
    return 0;
}
double fact(int n)
```

```
{
    /**********Program**********/


    /**********End**********/
}
```

6.输入一个正整数 repeat (0<repeat<10),做 repeat 次下列运算:猴子第一天摘下若干个桃子,当即吃了一半,还不过瘾,又多吃了一个。第二天早上将剩下的桃子吃掉一半,又多吃了一个。以后每天早上都吃了前一天剩下的一半零一个。到第 n 天早上想再吃时,见到只剩下一个桃子了。输入 n,求第一天共摘了多少个桃子?

提示:采取逆向思维的方法,从后往前推断。

输入输出示例(括号内为说明)。

输入:

```
2   (repeat=2)
10  (n=10,即第十天只剩下一个桃子)
3   (n=3,即第三天只剩下一个桃子)
```

输出:

```
peach =1534
peach=10
```

```
#include <stdio.h>
int fun(int n)
{
    /**********Program**********/


    /**********End**********/
}
int main( )
{
    int repeat, ri,n;
    scanf("%d", &repeat);
    for(ri=1; ri <=repeat; ri++)
    {
        scanf("%d", &n);
        printf("peach=%d\n", fun(n));
    }
    return 0;
}
```

7.求 $k!$ ($k<13$),所求阶乘的值作为函数值返回(要求使用递归)。

```
#include <stdio.h>
long fun(int k)
{
```

```
    /**********Program**********/


    /**********End**********/
}
int main( )
{
    int m;
    printf("Enter m: ");
    scanf("%d", &m);
    printf("\nThe result is %ld\n", fun(m));
    return 0;
}
```

8. 求一个四位数的各位数字的立方和。

```
#include <stdio.h>
int fun(int n)
{
    /**********Program**********/


    /**********End**********/
}
int main( )
{
    int k;
    k=fun(1234);
    printf("k=%d\n",k);
    return 0;
}
```

9. 输出[100,200]之间的所有素数,每行输出 5 个数。fun()函数的功能是判断 m 是不是素数。

```
#include <stdio.h>
int fun(int m)
{
    /**********Program**********/


    /**********End**********/
}
int main( )
{
    int m,k=0;
    for(m=100;m<200;m++)
        if(fun(m))
        {
```

```
        printf("%4d",m);
        k++;
        if(k%5==0)
            printf("\n");
    }
    printf("k=%d\n",k);
    return 0;
}
```

10. 编写函数 fun()，其功能是根据整型形参 m，计算 $y=1/2!+1/4!+\cdots+1/m!$ 的值（m 是偶数）。

```
#include <stdio.h>
double fun(int m)
{
    /**********Program**********/


    /**********End**********/
}
int main()
{
    int n;
    printf("Enter n: ");
    scanf("%d", &n);
    printf("\nThe result is %lf\n", fun(n));
    return 0;
}
```

11. 编写函数，判断一个整数 m 的各位数字之和能否被 7 整除，若其可以被 7 整除，则返回 1，否则返回 0。调用该函数，找出 100～200 之间满足条件的所有数。

```
#include <stdio.h>
int sub(int m)
{
    /**********Program**********/


    /**********End**********/
}
int main()
{
    int i;
    for(i=100;i<=200;i++)
        if(sub(i)==1)
            printf("%4d",i);
    return 0;
}
```

习题九 指 针

一、选择题

1.以下关于地址和指针的叙述中正确的是(　　)。

A. 可以取变量的地址赋给同类型的指针变量

B. 可以取常量的地址赋给同类型的指针变量

C. 可以取一个指针变量的地址赋给本指针变量,这样就使指针变量指向自身

D. 所有指针变量如果未赋初值,则自动赋空值 NULL

2.以下关于指针的叙述中正确的是(　　)。

A. 所有类型的指针变量所占内存的大小是一样的

B. 指针变量所占内存的大小与其类型有关,char 型指针变量只占 1 字节,double 型指针变量占 8 字节

C. 指针变量可直接指向任何类型的变量,而不会出现编译或运行错误

D. 指针变量既可以直接指向结构体,也可以直接指向结构体中的某个成员,而不会出现编译或运行错误

3.若有定义语句:

```
double a, *p=&a;
```

则以下叙述中错误的是(　　)。

A. 定义语句中的 * 是一个间址运算符

B. 定义语句中的 * 是一个说明符

C. 定义语句中的 p 只能存放 double 型变量的地址

D. 定义语句中的 * p=&a 将变量 a 的地址作为初值赋给指针变量 p

4.以下定义语句中正确的是(　　)。

A. int a=b=0;　　　　B. char A=65+1,b='b';

C. float a=1, * b=&a, * c=&b;　　　　D. double a=0.0; b=1.1;

5.设已有声明语句:float x;,则以下对指针变量 p 进行定义且赋初值的语句中正确的是(　　)。

A. int * p=(float)x;　　　　B. float * p=&x;

C. float p=&x;　　　　D. float * p=1024;

6.有以下程序:

```
#include <stdio.h>
int main()
{
    int a=1, b=3, c=5;
    int *p1=&a, *p2=&b, *p=&c;
    *p =*p1*(*p2);
```

```
    printf("%d\n",c);
    return 0;
}
```

程序的输出结果是(　　)。

A. 1　　B. 2　　C. 3　　D. 4

7. 以下叙述中正确的是(　　)。

A. int * p1; int ** p2; int * p3;都是合法的定义指针变量的语句

B. 指针变量只能通过求地址运算符(&)来获得地址值

C. 语句 p=NULL;与 p=\0;是等价的

D. 执行语句 p=NULL;后,指针 p 指向地址为 0 的存储单元

8. 以下叙述中正确的是(　　)。

A. 即使不进行强制类型转换,在进行指针赋值运算时,指针变量的基本类型也可以不同

B. 如果企图通过一个空指针来访问一个存储单元,将会得到一个出错信息

C. 设变量 p 是一个指针变量,则语句 p=0;是非法的,应该使用语句 p=NULL;

D. 指针变量之间不能用关系运算符进行比较

9. 有如下程序:

```
#include <stdio.h>
int main()
{
    char *p1=0;
    int *p2=0;
    double *p3=0;
    printf("%d,%d,%d\n", sizeof(p1), sizeof(p2), sizeof(p3));
    return 0;
}
```

程序的输出结果是(　　)。

A. 4,4,4　　B. 1,4,8　　C. 0,0,0　　D. 1,2,4

10. 设有定义:int a,b[10], * c=NULL, * p;,则以下语句中错误的是(　　)。

A. p=a;　　B. p=b;　　C. p=c;　　D. p=&b[0];

11. 关于地址和指针,以下说法中正确的是(　　)。

A. 通过强制类型转换,可以将一种类型的指针变量赋值给另一种类型的指针变量

B. 可以取一个常数的地址赋给同类型的指针变量

C. 可以取一个表达式的地址赋给同类型的指针变量

D. 可以取一个指针变量的地址赋给基本类型相同的指针变量

12. 有以下程序:

```
#include <stdio.h>
int main()
{
    int i=3,j=5, *p=&i, *q=&j, **r;
    r=&q;
    printf("%d,%d,%d,%d,%d\n", i, j, *p, *q, **r);
```

```
    return 0;
}
```

程序的输出结果是(　　)。

A. 3,5,3,5,5　　B. 5,3,5,3,5　　C. 3,5,3,5,3　　D. 3,5,3,3,5

13. 有以下程序：

```
#include <stdio.h>
#include <stdlib.h>
int main( )
{
    int *a,*b,*c;
    a=b=c=(int * )malloc(sizeof(int));
    *a=1;*b=2,*c=3;
    a=b;
    printf("%d,%d,%d\n",*a,*b,*c);
    return 0;
}
```

程序的输出结果是(　　)。

A. 3,3,3　　B. 2,2,3　　C. 1,2,3　　D. 1,1,3

14. 若有定义语句：

```
int a[2][3],* p[3];
```

则以下语句中正确的是(　　)。

A. p=a;　　B. p[0]=a;

C. p[0]=&a[1][2];　　D. p[1]=&a;

15. 在 32 位编译器上，设有定义：

```
char *str1="Hello", str2[]="Hello";
```

则以下语句的输出结果是(　　)。

```
printf("%d %d", sizeof(str1), sizeof(str2));
```

A. 5 6　　B. 5 5　　C. 6 6　　D. 4 6

16. 有以下程序：

```
#include <stdio.h>
#include <string.h>
int main( )
{
    char str[][20]={"One*World","One*Dream! "},*p=str[1];
    printf("%d,",strlen(p));  printf("%s\n",p);
}
```

程序的输出结果是(　　)。

A. 10,One * Dream!　　B. 9,One * Dream!

C. 9,One * World　　D. 10,One * World

17. 有以下程序：

```
#include <stdio.h>
#include <string.h>
int main( )
{
    char a[]="TEXT", *b="++", c[3]="1";
    printf("%d,%d,", strlen(a), sizeof(a));
    printf("%d,%d,", strlen(b), sizeof(b));
    printf("%d,%d,\n", strlen(c), sizeof(c));
    return 0;
}
```

程序的输出结果是(　　)。

A. 4,5,2,4,1,3,　　　　B. 4,4,2,2,1,1,

C. 5,5,3,3,2,2,　　　　D. 4,4,2,2,1,3

18. 设有定义：int x[10], * p=x,i;，要为数组 x 读入数据，以下选项中正确的是(　　)。

A. for(i=0;i<10;i++)　scanf("%d",p+i);

B. for(i=0;i<10;i++)　scanf("%d", * p+i);

C. for(i=0;i<10;i++)　scanf("%d", * (p+i));

D. for(i=0;i<10;i++)　scanf("%d",x[i]);

19. 以下叙述中正确的是(　　)。

A. char c1， * c2， * c3[10]；是合法的变量定义语句

B. 数组说明符的一对方括号中不能使用表达式

C. 数组元素的下标可以是非整数

D. 若有定义 char array[4];，则语句 printf("%c", array["3"]);是合法的

20. 设有定义：

```
char p[]={'1', '2', '3'},*q=p;
```

以下不能计算出一个 char 型数据所占字节数的表达式是(　　)。

A. sizeof(* q)　B. sizeof(char)　C. sizeof(p)　D. sizeof(p[0])

21. 有以下程序：

```
#include <stdio.h>
#include <stdlib.h>
int fun(int n)
{
    int *p;
    p=(int*)malloc(sizeof(int));
    *p=n;
    return *p;
}
int main( )
{
    int a;
    a=fun(10);
```

```
    printf("%d\n",a+fun(10));
    return 0;
}
```

程序的输出结果是(　　)。

A. 10　　B. 20　　C. 0　　D. 出错

22. 若有定义语句:double x, y, * px, * py;,执行语句 px=&x; py=&y;,正确的输入语句是(　　)。

A. scanf("%lf %lf",x, y);　　B. scanf("%f %f" &x, &y);

C. scanf("%f %f", x, y);　　D. scanf("%lf %le", px, py);

23. 有以下程序:

```
#include <stdio.h>
int main()
{
    int n, *p=NULL;
    *p=&n;
    printf("Input n:");
    scanf("%d",&p);
    printf("output n:");
    printf("%d\n",p);
    return 0;
}
```

该程序试图通过指针 p 为变量 n 读入数据并输出,但程序有多处错误,以下语句中正确的是(　　)。

A. int n, * p=NULL;　　B. * p=&n;

C. scanf("%d",&p);　　D. printf("%d\n", p);

24. 有以下程序:

```
#include <stdio.h>
int *f(int *s,int *t)
{
    int *k;
    if (*s<*t){ k=s; s=t; t=k; }
    return  s;
}
int main()
{
    int i=3, j=5, *p=&i, *q=&j, *r;
    r=f(p,q);
    printf("%d,%d,%d,%d,%d\n", i, j, *p, *q, *r);
    return 0;
}
```

程序的输出结果是(　　)。

A. 3,5,5,3,5　　B. 3,5,3,5,5　　C. 5,3,5,3,5　　D. 5,3,3,5,5

25. 设 p 是指针变量，语句 p=NULL;等价于（　　）。

A. p='0';　　B. p='';　　C. p="";　　D. p=0;

26. 有以下程序：

```
#include <stdio.h>
int main()
{
    int a[]={ 10,20,30,40 }, *p=a, i ;
    for( i=0; i<=3; i++) { a[i]=*p; p++; }
    printf("%d\n", a[2] );
    return 0;
}
```

程序的输出结果是（　　）。

A. 10　　B. 20　　C. 30　　D. 40

27. 若有定义语句：int a[10]={0,1,2,3,4,5,6,7,8,9}, * p=a;，则以下选项中错误引用 a 数组元素的是(其中 0<=i<10)（　　）。

A. *(*(a+i))　　B. a[p-a]

C. p[i]　　D. *(&a[i])

28. 有以下程序：

```
#include <stdio.h>
int main()
{
    int a[10]={ 11,12,13,14,15,16,17,18,19,20 },*p=a,i=9 ;
    printf( "%d,%d,%d\n",a[ p-a ], p[i],*( &a[i] ) );
    return 0;
}
```

程序的输出结果是（　　）。

A. 11,19,19　　B. 12,20,20　　C. 11,20,20　　D. 12,19,20

29. 有以下程序：

```
#include <stdio.h>
int main()
{
    int *p, x=100;
    p=&x; x=*p+10;
    printf("%d\n", x);
    return 0;
}
```

程序的输出结果是（　　）。

A. 110　　B. 120　　C. 100　　D. 90

30. 有如下程序：

```
#include <stdio.h>
int main()
```

```
{
    int a=0, *ptr;
    ptr=&a;
    *ptr=3;
    (*ptr)++;
    printf("%d,%d\n", a, *ptr);
    return 0;
}
```

程序的输出结果是(　　)。

A. 4,4　　B. 0,1　　C. 1,4　　D. 0,4

31. 有以下程序：

```
#include <stdio.h>
#include <stdlib.h>
void fun(int *p1, int *s)
{
    int *t;
    t=(int *)malloc(2*sizeof(int));
    *t=*p1+*p1++;
    *(t+1)=*p1+*p1;
    s=t;
}
int main()
{
    int a[2]={1,2},b[2]={0};
    fun(a,b);
    printf("%d,%d\n",b[0],b[1]);
    return 0;
}
```

程序的输出结果是(　　)。

A. 2,6　　B. 0,0　　C. 2,4　　D. 1,2

32. 有以下函数：

```
int fun(char *s)
{
    char *t=s;
    while(*t++);
    return(t-s);
}
```

该函数的功能是(　　)。

A. 计算 s 所指字符串的长度

B. 比较两个字符串的大小

C. 计算 s 所指字符串占用内存的字节数

D. 将 s 所指字符串复制到字符串 t 中

33. 设有定义：

```
double a[10],*s=a;
```

以下能够代表数组元素 a[3]的是(　　)。

A. (*s)[3]　　B. *(s+3)　　C. *s[3]　　D. *s+3

34. 有以下程序：

```
#include <stdio.h>
int main()
{
    char ch[]="uvwxyz",*pc;
    pc=ch;
    printf("%c\n", *(pc+5));
    return 0;
}
```

程序的输出结果是(　　)。

A. z　　B. 0

C. 元素 ch[5]的地址　　D. 字符 y 的地址

35. 有以下程序：

```
#include <stdio.h>
int main()
{
    int c[6]={10,20,30,40,50,60},  *p,*s;
    p=c; s=&c[5];
    printf("%d\n", s-p);
    return 0;
}
```

程序的输出结果是(　　)。

A. 5　　B. 50　　C. 6　　D. 60

36. 有以下程序：

```
#include <stdio.h>
int main()
{
    int a[5]={2,4,6,8,10},*p,**k;
    p=a; k=&p;
    printf("%d  ", *(p++));
    printf("%d\n", **k);
    return 0;
}
```

程序的输出结果是(　　)。

A. 4　6　　B. 4　4　　C. 2　2　　D. 2　4

37. 有以下程序：

```
#include <stdio.h>
int main( )
{
    int aa[3][3]={ {2},{4},{6} }, i,*p=&aa[0][0];
    for ( i=0; i<2; i++)
    {
        if( i==0 )
            aa[i][i+1]=*p+1;
        else
            ++p;
        printf("%d  ", *p );
    }
    return 0;
}
```

程序的输出结果是(　　)。

A. 2　6　　B. 2　3　　C. 4　3　　D. 4　6

38. 有如下程序：

```
#include <stdio.h>
int change(int* data)
{
    return (*data)++;
}
int main( )
{
    int data=123;
    change(&data);
    printf("%d,", data);
    data=change(&data);
    printf("%d,", data);  printf("\n");
    return 0;
}
```

程序的输出结果是(　　)。

A. 124,124,　　B. 123,124,　　C. 124,123,　　D. 123,123,

39. 有以下程序：

```
#include <stdio.h>
void fun(int *x,int s,int e)
{
    int i,j,t;
    for(i=s,j=e; i<j; i++,j--)
    {
        t=*(x+i); *(x+i)=*(x+j);*(x+j)=t;
    }
}
int main( )
```

```
{
    int m[]={0,1,2,3,4,5,6,7,8,9},k;
    fun(m,0,3); fun(m+4,0,5); fun(m,0,9);
    for(k=0; k<10;k++)
        printf("%d",m[k]);
    return 0;
}
```

程序的输出结果是(　　)。

A. 4567890123　　B. 3210987654

C. 9876543210　　D. 0987651234

40. 若有以下程序：

```
#include <stdio.h>
int k=7,m=5;
void f(int **s)
{
    int *t=&k;
    s=&t; *s=&m;
    printf("%d,%d,%d,", k, *t, **s);
}
int main( )
{
    int i=3,*p=&i, **r=&p;
    f(r);
    printf("%d,%d,%d\n", i,*p, **r);
    return 0;
}
```

程序的输出结果是(　　)。

A. 7,5,7,3,5,7,　　B. 7,5,7,3,3,3,

C. 7,5,5,3,3,3,　　D. 7,7,5,3,3,3,

41. 有以下程序：

```
#include <stdio.h>
char fun( char *c )
{
    if (*c<='Z'&&*c>='A' )
        *c-='A'-'a';
    return  *c;
}
int main( )
{
    char s[81], *p=s;
    gets(s);
    while(*p )
    {
        *p=fun( p );
```

```
        putchar( *p );
        p++;
    }
    printf( "\n");
    return 0;
}
```

若运行时从键盘上输入 OPEN　THE　DOOR<回车>，则程序的输出结果是(　　)。

A. OPEN　THE　DOOR　　　B. oPEN　tHE　dOOR

C. open　the　door　　　D. Open　The　Door

42. 有以下程序：

```
#include <stdio.h>
int main( )
{
    int a[10]={ 1,3,5,7,11,13,17 },*p=a;
    printf("%d,", *(p++));
    printf("%d\n", *(++p));
    return 0;
}
```

程序的输出结果是(　　)。

A. 3,7　　B. 3,5　　C. 1,5　　D. 1,3

43. 有以下函数：

```
int fun( char *s, char *t )
{
    while((*s )&&( *t ) && (*t++==*s++) );
    return  (*s-*t);
}
```

函数的功能是(　　)。

A. 求字符串的长度　　　B. 比较两个字符串的大小

C. 将字符串 s 复制到字符串 t 中　　　D. 连接字符串 s 和字符串 t

44. 有以下程序：

```
#include <stdio.h>
void fun(char *c,int d)
{
    *c=*c+1;
    d=d+1;
    printf("%c,%c,",*c,d);
}
int main( )
{
    char b='a',a='A';
    fun(&b,a);
    printf("%c,%c\n",b,a);
    return 0;
}
```

程序的输出结果是(　　)。

A. b,B,b,A　　B. b,B,B,A

C. a,B,B,a　　D. a,B,a,B

45.设有以下函数:

```
void fun(int n,char *s)
{  ……  }
```

下列对函数指针的定义和赋值均正确的是(　　)。

A. void (*pf)(int,char);　　pf=&fun;

B. void *pf();　　pf=fun;

C. void *pf();　　*pf=fun;

D. void (*pf)(int, char*);　　pf=fun;

46.下列函数的功能是(　　)。

```
void fun(char *a,char *b)
{
    while((*b=*a)!='\0')
        { a++; b++;}
}
```

A. 将 a 所指字符串赋给 b 所指空间

B. 使指针 b 指向 a 所指字符串

C. 将 a 所指字符串和 b 所指字符串进行比较

D. 检查 a 和 b 所指字符串中是否有'\0'

47.以下选项中函数形参不是指针的是(　　)。

A. fun(int *a){……}　　B. fun(int a[10]){……}

C. fun(int &p){……}　　D. fun(int p[]){……}

48.有以下程序:

```
#include <stdio.h>
void fun( char *p, int n )
{
    char b[6]="abcde";   int i;
    for( i=0,p=b; i<n; i++)
        p[i]=b[i];
}
int main( )
{
    char a[6]="ABCDE";
    fun(a, 5);
    printf("%s\n",a);
    return 0;
}
```

程序的输出结果是(　　)。

A. abcde　　B. ABCDE　　C. edcba　　D. EDCBA

49. 若有定义语句:char str1[]="string",str2[8],* str3, str4[10]="string";,库函数strcpy()的功能是复制字符串,以下选项中错误的函数调用是(　　)。

A. strcpy(str3, "HELLO!")　　B. strcpy(str2, "HELLO!")

C. strcpy(str1, "HELLO!")　　D. strcpy(str4, "HELLO!")

50. 有以下程序:

```
#include <stdio.h>
int b=2;
int fun(int *k )
{
   b=*k+b; return (b);
}
int main( )
{
   int a[10]={1,2,3,4,5,6,7,8}, i;
   for(i=2;i<4;i++)
   {
      b=fun(&a[i])+b;
      printf("%d ",b);
   }
   printf("\n");
   return 0;
}
```

程序的输出结果是(　　)。

A. 8　10　　B. 10　28　　C. 10　12　　D. 10　16

51. 有以下程序:

```
#include <stdio.h>
void fun( int *s, int t, int *k )
{
   int p;
   for(p=0,*k=p;p<t;p++)
      if(s[p]>s[*k])
         *k=p;
}
int main( )
{
   int a[10]={ 11,12,13,14,15,16,20,18,19,10 },k ;
   fun( a,10,&k );
   printf( "%d,%d\n",k, a[k] );
   return 0;
}
```

程序的输出结果是(　　)。

A. 6,20　　B. 10,9　　C. 7,20　　D. 10,10

52. 有以下程序：

```
#include <stdio.h>
int main( )
{
    int i, *ptr;
    int array[4]={0,1};
    for (ptr=array, i=0; i<3; i++, ptr++)
    {
        if (*ptr==0)
            putchar('#');
        else
            putchar('M'+*ptr);
    }
    printf("\n");
    return 0;
}
```

程序的输出结果是(　　)。

A. MO#　　B. #F#　　C. MMM　　D. #N#

53. 若有定义：char * ps[ ]={"aa","bb","cc","dd"};，则以下叙述中正确的是(　　)。

A. ps[0]是字符串"aa"

B. * ps[0]是字符串"aa"的首地址

C. ps[0]是字符串"aa"的首地址

D. * ps[0]是字符串"aa"

54. 有如下程序：

```
#include <stdio.h>
int main( )
{
    char *p, old_str[10]="wind";
    int password;
    scanf("%d", &password);
    p=old_str;
    while (*p)
    {
        printf("%c", *p+password);
        p++;
    }
    printf("\n");
}
```

程序运行时，若从键盘输入 2<回车>，则输出结果是(　　)。

A. ykpf　　B. wind　　C. xjoe　　D. 2222

55. 有以下程序：

```
#include <stdio.h>
int main( )
{
    int x[3][2]={0}, i;
    for(i=0; i<3; i++)
        scanf("%d",x[i]);
    printf("%3d%3d%3d\n",x[0][0],x[0][1],x[1][0]);
    return 0;
}
```

若运行时输入2 4 6<回车>,则输出结果为(　　)。

A. 2　4　6　　B. 2　0　0　　C. 2　4　0　　D. 2　0　4

56. 有以下程序:

```
#include <stdio.h>
#include <stdlib.h>
void fun( double *p1,double *p2,double *s)
{
    s=(double *)calloc( 1,sizeof(double) );
    *s=*p1+*( p2+1 );
}
int main( )
{
    double a[2]={ 1.1, 2.2 }, b[2]={ 10.0, 20.0 }, *s=a;
    fun( a, b, s );
    printf( "%5.2f\n", *s);
    return 0;
}
```

程序的输出结果是(　　)。

A. 21.10　　B. 11.10　　C. 12.10　　D. 1.10

57. 若有定义:

```
int w[3][5];
```

则以下不能正确表示该数组元素的表达式是(　　)。

A. *(&w[0][0]+1)　　B. *(*w+3)

C. *(*(w+1))　　D. *(w+1)[3]

58. 设有以下声明和语句:int x[3][4],(*p)[4]; p=a;,则与表达式*(*p+2)等价的选项是(　　)。

A. a[0][2]　　B. *(a+2)[0]

C. (*a+2)[0]　　D. a[2][0]

59. 有以下程序:

```
#include <stdio.h>
void fun(char **p)
{
    ++p;
```

```
    printf("%s\n",*p);
}
int main( )
{
    char *a[]={"Morning", "Afternoon", "Evening", "Night"};
    fun(a);
    return 0;
}
```

程序的输出结果是（　　）。

A. Afternoon　　B. fternoon　　C. Morning　　D. orning

60. 有以下程序：

```
#include <stdio.h>
void fun( char **p )
{
    int i;
    for(i=0; i<4; i++) printf("%s",p[i]);
}
int main( )
{
    char *s[6]={ "ABCD","EFGH","IJKL","MNOP","QRST","UVWX" };
    fun(s);
    printf("\n" );
    return 0;
}
```

程序的输出结果是（　　）。

A. ABCDEFGHIJKL　　B. ABCD

C. AEIM　　D. ABCDEFGHIJKLMNOP

61. 有以下程序：

```
#include <stdio.h>
char *a="you";
char *b="Welcome you to Beijing! ";
int main( )
{
    char *p;
    p=b;
    while (*p! =*a)
        p++;
    printf("%s\n", p);
    return 0;
}
```

程序的输出结果是（　　）。

A. you to Beijing!　　B. to Beijing!

C. Welcome you to Beijing!　　D. Beijing!

62. 有以下程序：

```
#include <stdio.h>
int main( )
{
    char s[10]="verygood", *ps=s;
    ps="too";
    s[4]='\0';
    puts(ps);
    return 0;
}
```

程序的输出结果是(　　)。

A. too　　B. verygood　　C. very　　D. good

63. 有以下程序：

```
#include <stdio.h>
#include <string.h>
char *a="you";
char *b="Welcome you to Beijing! ";
int main( )
{
    char *p;
    p=b;
    while (*p !=*a)
        p++;
    p+=strlen(a)+1;
    printf("%s\n", p);
    return 0;
}
```

程序的输出结果是(　　)。

A. Beijing!　　B. you to Beijing!

C. Welcome you to Beijing!　　D. to Beijing!

64. 有以下函数：

```
void fun(char *p, char *q)
{
    while ((*p++=*q++) !='\0');
}
```

该函数的功能是(　　)。

A. 计算字符串的长度　　B. 计算字符串所占字节数

C. 将字符串逆序存放　　D. 实现字符串的复制

65. 有以下程序：

```
#include <stdio.h>
void fun( char *a, char *b )
{
```

```
    while(*a=='*') a++;
    while(*b=*a){ b++;a++; }
}
int main()
{
    char *s="*****a*b****", t[80];
    fun(s,t);
    puts(t);
    return 0;
}
```

程序的输出结果是(　　)。

A. ab　　B. a*b

C. *****a*b　　D. a*b****

66. 有以下程序：

```
#include <stdio.h>
#include <string.h>
void fun(char *s[], int n)
{
    char *t;
    int i, j;
    for(i=0; i<n-1; i++)
        for(j=i+1; j<n; j++)
            if (strlen(s[i])>strlen(s[j]))
            {
                t=s[i];s[i]=s[j];s[j]=t;
            }
}
int main()
{
    char *ss[]={"bcc","bbcc","xy", "aaaacc", "aabcc"};
    fun(ss, 5);
    printf("%s,%s\n", ss[0],ss[4]);
    return 0;
}
```

程序的输出结果是(　　)。

A. aaaacc,xy　　B. xy,aaaacc

C. bcc,aabcc　　D. aabcc,bcc

67. 下列语句组中正确的是(　　)。

A. char *s;s="Olympic";　　B. char s[7];s="Olympic";

C. char *s;s={"Olympic"};　　D. char s[7];s={"Olympic"};

68. 设有定义语句：

```
char *c;
```

以下选项中能够使 c 正确指向一个字符串的是(　　)。

A. char str[ ]="string"; c=str;　　B. scanf("%s",c);

C. c=getchar( );　　D. * c="string";

69. 设有定义语句:

```
int (*f)(int);
```

以下叙述中正确的是(　　)。

A. f 是基本类型为 int 型的指针变量

B. f 是指向函数的指针变量,该函数具有一个 int 型的形参

C. f 是指向 int 型一维数组的指针变量

D. f 是函数名,该函数的返回值是基本类型为 int 型的地址

70. 有以下程序:

```
#include <stdio.h>
int add( int a,int b){ return (a+ b);  }
int main( )
{
    int k, (*f)( ), a=5,b=10;
    f=add;
    ……
    return 0;
}
```

以下函数调用语句中错误的是(　　)。

A. k=f(a,b);　　B. k=add(a,b);

C. k=(* f)(a,b);　　D. k= * f(a,b);

71. 设某函数的说明如下:

```
int *func(int a[10], int n);
```

以下叙述中正确的是(　　)。

A. 形参 a 对应的实参只能是数组名

B. 说明中的 a[10]写成 a[]或 * a 的效果完全一样

C. 在 func()的函数体中不能对 a 进行移动指针(如 a++)的操作

D. 只有指向 10 个整数内存单元的指针,才能作为实参传给形参 a

72. 有如下程序:

```
#include <stdio.h>
int *sum(int data)
{
    static int init=0;
    init+=data;
    return &init;
}
int main( )
{
    int i, *p;
```

```
    for(i=1;i<=4;i++) sum(i);
    p=sum(0);
    printf("%d\n", *p);
    return 0;
}
```

程序的输出结果是(　　)。

A. 15　　B. 0　　C. 1　　D. 10

73. 有以下程序:

```
#include <stdio.h>
int main( )
{
    int x[3][3]={{2},{4},{6}}, i,*q=&x[0][0];
    for(i=0;i<2;i++)
    {
        if (i==0)
            x[i][i+1]=*q+1;
        else
            ++q;
        printf("%d ",*q);
    }
    printf("\n");
    return 0;
}
```

程序的输出结果是(　　)。

A. 2 3　　B. 2 6　　C. 3 3　　D. 3 6

74. 若有定义:

```
char * ps[ ]={"aa", "bb", "cc", "dd"};
```

则以下叙述中正确的是(　　)。

A. * ps[0]是字符'a'　　B. * ps[0]是字符串"aa"

C. ps[0]是字符'a'　　D. ps 是字符串"aa"

75. 以下语句中存在语法错误的是(　　)。

A. char ss[6][20];　ss[1]=="right?";

B. char ss[][20]={ "right?"};

C. char * ss[6];　ss[1]=="right?";

D. char * ss[]={ "right?"};

76. 若有声明语句:int * ptr[10];,则以下叙述中正确的是(　　)。

A. ptr 是一个具有 10 个指针元素的一维数组,每个元素都只能指向整型变量

B. ptr 是指向整型变量的指针

C. ptr 是一个指向具有 10 个整型元素的一维数组的指针

D. ptr 是一个指向 10 个整型变量的函数指针

77. 有以下程序:

```
#include <stdio.h>
int main( )
{
    char *mm[4]={"abcd","1234","mnop","5678"};
    char **pm=mm;
    int i;
    for(i=0; i<4; i++) printf("%s",pm[i]+i);
    printf("\n");
    return 0;
}
```

程序的输出结果是(　　)。

A. abcd1234mnop5678　　B. abcd234op8

C. a2o8　　D. a1m5

78. 有以下程序：

```
#include <stdio.h>
int fun(int (*s)[4], int n, int k)
{
    int m, i;
    m=s[0][k];
    for(i=1;i<n;i++)
        if(s[i][k]>m)
            m=s[i][k];
    return m;
}
int main( )
{
    int a[4][4]={{1,2,3,4},
                 {11,12,13,14},
                 {21,22,23,24},
                 {31,32,33,34}};
    printf("%d\n",fun(a,4,0));
    return 0;
}
```

程序的输出结果是(　　)。

A. 4　　B. 34　　C. 31　　D. 32

79. 有以下程序：

```
#include <stdio.h>
int main( )
{
    int s[3][2]={ 1,2,3,4,5,6},*ps[3],k;
    for(k=0;k<3;k++)
    {
        ps[k]=s[k];
        printf("%d ",*(ps[k]+1));
```

```
    }
    return 0;
}
```

程序的输出结果是(　　)。

A. 2 4 6　　B. 1 3 5　　C. 1 2 3　　D. 4 5 6

80. 若有语句:int a[3][4],(＊p)[4];　p=a;,则以下叙述中错误的是(　　)。

A. 系统将开辟一个名为 p 的二维数组,p[0][0]中的值即为 a[0][0]中的值

B. p+1 代表第二行的首地址(设数组最上边的一行为第一行)

C. p 中将存放 a 数组第一行的首地址

D. p+2 代表 a 数组最后一行的首地址

二、程序填空题

1. 下列给定程序中,函数 fun()的功能是求 ss 所指字符串数组中长度最短的字符串所在的行下标,作为函数值返回,并将其字符串长度放在形参 n 所指的变量中。ss 所指字符串数组中共有 M 个字符串,且字符串长度小于 N。

请在下画线处填入正确的内容并将下画线删除,使程序得到正确的结果。不得增行或删行,也不得更改程序的结构。

```
#include <stdio.h>
#include <string.h>
#define  M  5
#define  N  20
int fun(char (*ss)[N], int *n)
{
    int i, k=0, len=N;
    for(i=0; i < ____【1】____ ; i++)
    {
        len=strlen(ss[i]);
        if(i==0)
            *n=len;
        if(len ____【2】____ *n)
        {
            *n=len;
            k=i;
        }
    }
    return( ____【3】____ );
}
int main( )
{
    char s[M][N]={"shanghai","guangzhou","beijing","tianjin","chongqing"};
    int n,k,i;
    printf("\nThe original strings are :\n");
```

```
    for(i=0;i<M;i++)  puts(s[i]);
    k=fun(s,&n);
    printf("\nThe length of shortest string is :  %d\n",n);
    printf("\nThe shortest string is :  %s\n",s[k]);
    return 0;
}
```

2. 下列给定程序中,函数 fun()的功能是将 s 所指字符串中的所有数字字符移到所有非数字字符之后,并保持数字字符串和非数字字符串原有的次序。

例如,若 s 所指的字符串为"def35adh3kjsdf7",则执行后结果为"defadhajsdf3537"。

请在程序的下画线处填入正确的内容并将下画线删除,使程序得出正确的结果。不得增行或删行,也不得更改程序的结构。

```
#include <stdio.h>
void fun(char *s)
{
    int i, j=0, k=0;
    char t1[80], t2[80];
    for(i=0; s[i]!='\0'; i++)
        if(s[i]>='0' && s[i]<='9')
        {
            t2[j]=s[i];
            ____【1】____ ;
        }
        else
            t1[k++]=s[i];
    t2[j]=0;
    t1[k]=0;
    for(i=0; i<k; i++)
        ____【2】____ ;
    for(i=0; i< ____【3】____ ; i++)
        s[k+i]=t2[i];
}
int main()
{
    char s[80]="def35adh3kjsdf7";
    printf("\nThe original string is :  %s\n",s);
    fun(s);
    printf("\nThe result is :  %s\n",s);
    return 0;
}
```

3. 下列给定程序中,函数 fun()的功能是将形参 s 所指字符串中下标为奇数的字符右移到下一个奇数位置,最右边移出字符串的字符绕回放到第一个奇数位置,下标为偶数的字符不动(注:字符串的长度大于或等于 2)。

例如,若形参 s 所指字符串为"abcdefgh",则执行结果为"ahcbedgf"。

请在程序的下画线处填入正确的内容并将下画线删除,使程序得出正确的结果。不得增行或删行，也不得更改程序的结构。

```
#include <stdio.h>
void fun(char *s)
{
    int i, n, k;
    char c;
    n=0;
    for(i=0;s[i]!='\0'; i++)
        n++;
    if(n%2==0)
        k=n - ____【1】____ ;
    else
        k=n-2;
    c=____【2】____ ;
    for(i=k-2; i>=1; i=i-2)
        s[i+2]=s[i];
    s[1]=____【3】____ ;
}
int main( )
{
    char s[80]="abcdefgh";
    printf("\nThe original string is :  %s\n",s);
    fun(s);
    printf("\nThe result is :  %s\n",s);
    return 0;
}
```

三、程序改错题

1. 下列给定程序中，函数 fun()的功能是将 p 所指字符串中的所有字符复制到 b 中，要求每复制三个字符之后插入一个空格。

例如，若给 a 输入字符串"ABCDEFGKHIJK"，调用函数后，字符数组 b 中的内容为 ABC DEF GHI JK。

请改正程序中的错误，使程序能得出正确的结果。不得增行或删行，也不得更改程序的结构。

```
#include <stdio.h>
void fun(char *p, char *b)
{
    int i, k=0;
    while(*p)
    {
        i=1;
        while( i<=3&&*p )
        {
```

```
            /**********【1】**********/
            b[k]=p;
            k++; p++; i++;
        }
        if(*p)
        {
            /**********【2】**********/
            b[k++]=" ";
        }
    }
    b[k]='\0';
}
int main( )
{
    char a[80],b[80];
    printf("Enter a string:        ");
    gets(a);
    printf("The original string: ");
    puts(a);
    fun(a,b);
    printf("\nThe string after insert space:   ");
    puts(b);
    printf("\n\n");
    return 0;
}
```

2. 下列给定程序中，函数 fun()的功能是逐个比较 p、q 所指字符串对应位置上的字符，并将 ASCII 码值大的或相等的字符依次存放到 c 数组中，形成一个新的字符串。

例如，若主函数 main()中 a 字符串为"aBCDeFgH"，b 字符串为"ABcd"，则 c 中的字符串应为"aBcdeFgH"。

请改正程序中的错误，使程序能得出正确结果。不得增行或删行，也不得更改程序的结构。

```
#include <stdio.h>
#include <string.h>
void fun(char *p ,char *q, char *c)
{
    /************【1】************/
    int k=1;
    /************【2】************/
    while( *p != *q )
    {
        if( *p <*q )
            c[k]=*q;
        else
            c[k]=*p;
        if(*p) p++;
```

```
        if(*q) q++;
        k++;
    }
}
int main( )
{
    char a[10]="aBCDeFgH", b[10]="ABcd", c[80]={'\0'};
    fun(a,b,c);
    printf("The string a:  ");  puts(a);
    printf("The string b:  ");  puts(b);
    printf("The resultc :  ");  puts(c);
    return 0;
}
```

3. 下列给定程序中，函数 fun()的功能是将字符串中的字符逆序输出，但不改变字符串中的内容。

例如，若字符串为"abcd"，则应输出"dcba"。

请改正程序中的错误，使程序能得出正确结果。不得增行或删行，也不得更改程序的结构。

```
#include <stdio.h>
/************【1】************/
void fun(char a)
{
    if ( *a )
    {
        fun(a+1) ;
        /************【2】************/
        printf("%c" *a) ;
    }
}
int main( )
{
    char s[10]="abcd";
    printf("处理前字符串=%s\n处理后字符串=", s);
    fun(s);
    printf("\n");
    return 0;
}
```

4. 下列给定程序中，函数 fun()的功能是将 s 所指字符串中出现的与 t1 所指字符串相同的子串全部替换为 t2 所指字符串，将所形成的新字符串放在 w 所指的数组中。要求 t1 和 t2 所指字符串的长度相同。

例如，当 s 所指字符串中的内容为"abcdabfab"，t1 所指子串中的内容为"ab"，t2 所指子串中的内容为"99"时，w 所指数组中的内容应为"99cd99f99"。

请改正程序中的错误，使程序能得出正确结果。不得增行或删行，也不得更改程序的结构。

```c
#include <stdio.h>
#include <string.h>
void fun (char *s,  char *t1, char *t2 , char *w)
{
    char *p , *r, *a;
    strcpy(w, s);
    while (*w)
    {
        p=w; r=t1;
        /************【1】************/
        while( r )
            if ( *r ==*p )
            {
                r++;  p++;
            }
        else break;
        if (*r =='\0' )
        {
            a=w; r=t2;
            while ( *r )
            {
                /************【2】************/
                *a=*r;a++;r++
            }
            w+=strlen(t2) ;
        }
            else w++;
    }
}
int main( )
{
    char s[100], t1[100], t2[100], w[100];
    printf("\nPlease enter string S:"); scanf("%s", s);
    printf("\nPlease enter substring t1:"); scanf("%s", t1);
    printf("\nPlease enter substring t2:"); scanf("%s", t2);
    if ( strlen(t1)==strlen(t2) )
    {
        fun( s, t1, t2, w);
        printf("\nThe result is :  %s\n", w);
    }
    else  printf("Error : strlen(t1) !=strlen(t2)\n");
    return 0;
}
```

四、程序设计题

1. 编写函数 fun()，其功能是将所有大于 1 且小于整数 m 的非素数存入 xx 所指数组中，将非素数的个数通过 k 返回。

例如,若输入 17,则应输出 4 6 8 9 10 12 14 15 16。

请勿改动主函数 main()和其他函数中的任何内容,仅在函数 fun()的花括号中填入所编写的若干语句。

```
#include <stdio.h>
void fun(int m, int * k, int xx[] )
{
    /**********Program**********/


    /**********End**********/
}
int main( )
{
    int m, n, zz[100];
    printf("\nPlease enter an integer number between 10 and 100: " );
    scanf("%d", &n );
    fun( n, &m, zz );
    printf("\n\nThere are %d non- prime numbers less than %d:\n", m, n );
    for( n=0; n <m; n++)
        printf("%4d", zz[n] );
    printf("\n");
    return 0;
}
```

2. 规定输入的字符串中只包含字母和 * 。编写函数 fun(),其功能是除了字符串前导的 * 之外,将字符串中其他的 * 全部删除。在编写函数时,不得使用 C 语言提供的字符串函数。

例如,若字符串中的内容为 ****A*BC*DEF*G*******,则删除 * 后字符串中的内容应当是 ****ABCDEFG。

请勿改动主函数 main()和其他函数中的任何内容,仅在函数 fun()的花括号中填入所编写的若干语句。

```
#include <stdio.h>
void fun( char *a )
{
    /**********Program**********/


    /**********End**********/
}
int main( )
{
    char s[81];
    printf("Enter a string:\n");
    gets(s);
    fun(s);
    printf("The string after deleted:\n");
    puts(s);
    return 0;
}
```

3. 规定输入的字符串中只包含字母和*。编写函数 fun(),其功能是除了字符串前面和中间的*之外,将字符串尾部的*全部删除。在编写函数时,不得使用 C 语言提供的字符串函数。

例如,若字符串中的内容为****A*BC*DEF*G*******,则删除*后字符串中的内容应当是****A*BC*DEF*G。

请勿改动主函数 main()和其他函数中的任何内容,仅在函数 fun()的花括号中填入所编写的若干语句。

```
#include <stdio.h>
void fun( char *a )
{
    /**********Program**********/


    /**********End**********/
}
int main( )
{
    char s[81];
    printf("Enter a string:\n");
    gets(s);
    fun(s);
    printf("The string after deleted:\n");
    puts(s);
    return 0;
}
```

4. 编写函数 fun(),其功能是求 ss 所指字符串中指定字符的个数,并返回此值。

例如,若输入字符串为 123412132,输入字符为 1,则输出 3。

请勿改动主函数 main()和其他函数中的任何内容,仅在函数 fun()的花括号中填入所编写的若干语句。

```
#include <stdio.h>
#include <string.h>
#define M 81
int fun(char *ss, char c)
{
    /**********Program**********/


    /**********End**********/
}
int main( )
{
    char a[M], ch;
    printf("\nPlease enter a string:");
    gets(a);
```

```
    printf("\nPlease enter a char:");
    ch=getchar();
    printf("\nThe number of the char is: %d\n", fun(a, ch));
    return 0;
}
```

5. 编写函数 void fun(char *tt,int pp[]),在 tt 所指的字符串中统计字母 a～z 中 26 个小写字母各自出现的次数,并依次放在 pp 所指的数组中。

例如,当输入字符串 abcdefgabcdeabc 后,程序的输出结果应该如下:

```
3 3 3 2 2 1 1 0 0 0 0 0 0 0 0 0 0 0 0 0 0 0 0 0 0 0
```

请勿改动主函数 main()和其他函数中的任何内容,仅在函数 fun()的花括号中填入所编写的若干语句。

```
#include <stdio.h>
#include <string.h>
void fun(char *tt, int pp[])
{
    /**********Program**********/


    /**********End**********/
}
int main( )
{
    char aa[1000] ;
    int bb[26], k ;
    printf("\nPlease enter  a char string:" ) ;
    scanf("%s", aa) ;
    fun(aa, bb ) ;
    for(k=0;k<26 ;k++)
        printf("%d ", bb[k]) ;
    printf("\n") ;
    return 0;
}
```

6. 编写函数 fun(),其功能是比较字符串的长度(不得使用 C 语言提供的求字符串长度的函数),函数返回较长的字符串。若两个字符串的长度相同,则返回第一个字符串。

例如,输入 beijing＜回车＞shanghai＜回车＞,函数将返回 shanghai。

请勿改动主函数 main()和其他函数中的任何内容,仅在函数 fun()的花括号中填入所编写的若干语句。

```
#include <stdio.h>
char *fun(char *s, char *t)
{
    /**********Program**********/

    /**********End**********/
```

```
}
int main( )
{
    char a[20],b[20];
    printf("Input 1th string:");
    gets( a);
    printf("Input 2th string:");
    gets( b);
    printf("%s\n",fun (a, b));
    return 0;
}
```

习题十　结构体和其他数据形式

一、选择题

1. 若有定义：

```
typedef int *T;
T *a[20];
```

则以下选项中与上述定义中 a 的类型完全相同的是(　　)。

A. int * * a[20];　　B. int (* a)[20];

C. int * (* a)[20];　　D. int * a[20];

2. 若有定义：

```
typedef int * T[10];
T a;
```

则以下选项中与上述定义中 a 的类型完全相同的是(　　)。

A. int * a[10];　　B. int (* a)[10];

C. int a[10];　　D. int (* a[10])();

3. 以下叙述中错误的是(　　)。

A. 可以通过 typedef 增加新的类型

B. 通过 typedef 可以将已存在的类型用一个新的名字来表示

C. 用 typedef 定义新的类型名后，原有类型名仍有效

D. 用 typedef 可以为各种类型起别名，但不能为变量起别名

4. 若有以下语句：

```
typedef struct S
{  int g;  char h;  } T;
```

则以下叙述中正确的是(　　)。

A. 可用S定义结构体变量　　B. 可用T定义结构体变量

C. S是struct类型的变量　　D. T是struct S类型的变量

5. 以下结构体说明和变量定义中,正确的是(　　)。

A. typedef struct abc{ int n;double m; }ABC;
   ABC x,y;

B. struct abc{ int n;double m };
   struct abc x, y;

C. struct ABC{ int n;double m; }
   struct ABC x, y;

D. struct abc{ int n;double m; };
   abc x, y;

6. 以下叙述中正确的是(　　)。

A. 使用typedef说明新类型名时,其格式是typedef 新类型名 原类型名;

B. 在程序中,允许用typedef来说明一种新的类型名

C. 使用typedef说明新类型名时,后面不能加分号

D. 在使用typedef改变原类型名后,只能使用新的类型名

7. 以下叙述中正确的是(　　)。

A. 使用typedef定义新类型名后,新类型名与原类型名实际上是等价的

B. 结构体类型中的各个成分均不能是数组或指针

C. 结构体类型的变量,不能在声明结构体类型时一起定义

D. 元素为结构体类型的数组,只能在声明结构体类型之后再单独进行定义

8. 设有如下语句:

```
typedef struct Date
{
    int year;
    int month;
    int day;
}DATE;
```

以下叙述中错误的是(　　)。

A. DATE是用户定义的结构体变量

B. struct Date是用户定义的结构体类型

C. DATE是用户说明的新结构体类型名

D. struct是结构体类型的关键字

9. 设有定义:

```
typedef struct data1{int x, y;}data2;
typedef struct {float x, y;}data3;
```

以下不能作为类型名使用的是(　　)。

A. data1　　B. data2　　C. data3　　D. struct data1

10. 有以下程序：

```
#include <stdio.h>
int main( )
{
    struct STU {  char name[9];  char sex;  double score[2];  };
    struct STU a={"Zhao", 'm', 85.0, 90.0}, b={"Qian", 'f', 95.0, 92.0};
    b=a;
    printf("%s,%c,%2.0f,%2.0f\n", b.name, b.sex, b.score[0], b.score[1]);
    return 0;
}
```

程序的输出结果是(　　)。

A. Qian,m,85,90　　　　B. Zhao,m,85,90

C. Zhao,f,95,92　　　　D. Qian,f,95,92

11. 设有定义：

```
struct complex
{  int real,unreal;} data1={1,8},data2;
```

以下赋值语句中错误的是(　　)。

A. data2=(2,6);　　　　B. data2=data1;

C. data2.real=data1.real;　　　　D. data2.real=data1.unreal;

12. 以下关于C语言数据类型的使用的叙述中错误的是(　　)。

A. 若要处理如"人员信息"等含有不同类型的相关数据，应自定义结构体类型

B. 若要保存带有多位小数的数据，可使用双精度类型

C. 若只处理"真"和"假"两种逻辑值，应使用逻辑类型

D. 整数类型表示的自然数是准确无误差的

13. 有以下程序：

```
#include <stdio.h>
typedef struct stu
{
    char name[10];
    char gender;
    int score;
}STU;
void f(STU a, STU *b, STU c )
{
    *b=c=a;
    printf("%s,%c,%d,", b->name, b->gender, b->score );
    printf("%s,%c,%d,", c.name, c.gender, c.score );
}
int main( )
{
    STU a={"Zhao",'m',290}, b={"Qian", 'f', 350}, c={"Sun", 'm', 370};
    f(a, &b, c);
```

```
    printf("%s,%c,%d,", b.name, b.gender, b.score );
    printf("%s,%c,%d\n", c.name, c.gender, c.score );
    return 0;
}
```

程序的输出结果是(　　)。

A. Zhao,m,290,Zhao,m,290,Zhao,m,290,Sun,m,370

B. Zhao,m,290,Zhao,m,290,Zhao,m,290,Zhao,m,290

C. Zhao,m,290,Zhao,m,290,Qian,f,350,Sun,m,370

D. Zhao,m,290,Zhao,m,290,Qian,f,350,Zhao,m,290

14. 有以下程序：

```
#include <stdio.h>
#include <string.h>
typedef struct stu
{
    char name[10];
    char gender;
    int score;
} STU;
void f(char name[10],char gender,int score )
{
    strcpy(name, "Sun");
    gender='m';
    score=370;
}
int main( )
{
    STU b={"Zhao", 'm', 290}, a={"Qian", 'f', 350};
    b=a;
    printf("%s,%c,%d,", b.name, b.gender, b.score );
    f(b.name, b.gender, b.score );
    printf("%s,%c,%d\n", b.name, b.gender, b.score );
    return 0;
}
```

程序的输出结果是(　　)。

A. Qian,f,350,Sun,f,350　　B. Qian,f,350,Qian,f,350

C. Qian,f,350,Sun,m,370　　D. Zhao,m,290,Sun,m,370

15. 有以下程序：

```
#include <stdio.h>
struct S
{
    int n;
    int a[20];
};
```

```
void f(structS  *p)
{
    int i,j, t;
    for(i=0; i<p->n-1; i++)
        for(j=i+1; j<p->n; j++)
            if(p->a[i]>p->a[j])
            {
                t=p->a[i];
                p->a[i]=p->a[j];
                p->a[j]=t;
            }
}
int main( )
{
    int i;
    struct S s={10, {2,3,1,6,8,7,5,4,10,9}};
    f(&s);
    for(i=0; i<s.n; i++)
        printf("%d,", s.a[i]);
    return 0;
}
```

程序的输出结果是(　　)。

A. 1,2,3,4,5,6,7,8,9,10,　　B. 10,9,8,7,6,5,4,3,2,1,

C. 2,3,1,6,8,7,5,4,10,9,　　D. 10,9,8,7,6,1,2,3,4,5,

16. 以下结构体类型说明和变量定义中正确的是(　　)。

A. struct REC ;
{ int n; char c; };
REC t1,t2;

B. typedef struct
{ int n; char c; } REC;
REC t1,t2;

C. typedef struct REC;
{ int n=0; char c='A'; } t1,t2;

D. struct
{ int n; char c; } REC;
REC t1,t2;

17. 以下叙述中正确的是(　　)。

A. 结构体类型中各个成员的类型必须是一致的

B. 结构体类型中的成员只能是C语言中预先定义的基本数据类型

C. 在定义结构体类型时,编译程序就为它分配了内存空间

D. 一个结构体类型可以由多个成员(或域)组成

18. 下面结构体的定义语句中,错误的是(　　)。

A. struct ord {int x;int y;int z;} struct ord a;

B. struct ord {int x;int y;int z;};struct ord a;

C. struct ord {int x;int y;int z;} a;

D. struct {int x;int y;int z;} a;

19. 有以下程序：

```
#include <stdio.h>
#include <string.h>
typedef struct stu
{
    char name[10];
    char gender;
    int score;
} STU;
void f(char *name, char *gender, int *score)
{
    strcpy(name, "Qian");
    *gender='f';
    *score=350;
}
int main( )
{
    STU a={"Zhao", 'm', 290}, b;
    b=a;
    f(b.name, &b.gender, &b.score);
    printf("%s,%c,%d,", a.name, a.gender, a.score);
    printf("%s,%c,%d\n", b.name, b.gender, b.score);
    return 0;
}
```

程序的输出结果是(　　)。

A. Zhao,m,290,Qian,f,350　　B. Zhao,m,290,Zhao,m,290

C. Zhao,m,290,Qian,m,350　　D. Zhao,m,290,Qian,m,290

20. 有以下程序：

```
#include <stdio.h>
#include <string.h>
struct S
{
    char name[10];
};
int main( )
{
    struct S s1, s2;
    strcpy(s1.name, "XXX");
    strcpy(s2.name, "=");
    s1=s2;
    printf("%s\n", s1.name);
    return 0;
}
```

程序的输出结果是(　　)。

A. =　　B. XXX　　C. =XX　　D. X=

21. 设有定义：

```
struct { int n; float x;} s[2],m[2]={{10,2.8},{0,0.0}};
```

以下赋值语句中正确的是(　　)。

A. s[0]=m[1];　　B. s=m;

C. s.n=m.n;　　D. s[2].x=m[2].x;

22. 有以下程序：

```
#include <stdio.h>
struct ball
{
    char color[10];
    int dim;
};
int main( )
{
    struct ball list[2]={{"white", 2}, {"yellow", 3}};
    printf("%s:%d\n", (list+1)->color, list->dim);
    return 0;
}
```

程序的输出结果是(　　)。

A. yellow:3　　B. yellow:2　　C. white:2　　D. white:3

23. 有以下程序：

```
#include <stdio.h>
int main( )
{
    struct cm
    {
        int x;
        int y;
    } a[2]={4,3,2,1 };
    printf("%d \n", a[0].y/a[0].x*a[1].x);
    return 0;
}
```

程序的输出结果是(　　)。

A. 1　　B. 4　　C. 0　　D. 3

24. 设有以下程序段：

```
struct book
{
    float price;
    char language;
    char title[20];
} rec, *ptr;
ptr=&rec;
```

要求给结构体变量 rec 的 title 成员输入字符串，错误的输入语句是(　　)。

A. scanf("%s", ptr.title);　　B. scanf("%s", rec.title);

C. scanf("%s", (*ptr).title);　　D. scanf("%s", ptr->title);

25. 有以下定义：

```
struct person { char name[10]; int age; };
struct person class[10]={ "Johu",17,
                         "Paul",19,
                         "Mary",18,
                         "Adam",16,
                      };
```

下列能输出字母 M 的语句是(　　)。

A. printf("%c \n", class[2].name[0]);

B. printf("%c \n", class[3].name[0]);

C. printf("%c \n", class[3].name[1]);

D. printf("%c \n", class[2].name[1]);

26. 有以下程序：

```
#include <stdio.h>
#include <string.h>
struct computer
{
    char CPU[10];
};
int main( )
{
    struct computer  pc1, pc2;
    strcpy(pc1.CPU, "3.2G");
    strcpy(pc2.CPU, "????");
    pc1=pc2;
    printf("%s\n", pc1.CPU);
    return 0;
}
```

程序的输出结果是(　　)。

A. ?　　B. 3.2G　　C. ????　　D. ?.2G

27. 有以下程序：

```
#include <stdio.h>
struct tt
{
    int x;
    struct tt *y;
} s[3]={ 1,0,2,0,3,0};
int main( )
{
    struct  tt *p=s+1;
```

```
    p->y=s;
    printf("%d,",p->x);
    p=p->y;
    printf("%d\n",p->x);
    return 0;
}
```

程序的输出结果是(　　)。

A. 2,3　　B. 2,1　　C. 1,2　　D. 3,1

28. 有以下程序：

```
#include <stdio.h>
struct tt
{
    int x;
    struct tt *y;
} s[2]={1, 0, 2, 0};
int main( )
{
    struct tt *p=s;
    p->y=s;
    printf("%d",++p->x);
    return 0;
}
```

程序的输出结果是(　　)。

A. 2　　B. 0　　C. 1　　D. 3

29. 有以下程序：

```
#include <stdio.h>
#include <string.h>
struct A
{
    int a;
    char b[10];
    double c;
};
struct A f(struct A t);
int main( )
{
    struct A a={1001,"ZhangDa",1098.0};
    a=f(a);
    printf("%d,%s,%6.1f\n",a.a,a.b,a.c);
    return 0;
}
struct A  f(struct A  t)
{
    t.a=1002;
```

```
    strcpy(t.b, "ChangRong");
    t.c=1202.0;
    return t;
}
```

程序的输出结果是(　　)。

A. 1002,ZhangDa,1202.0　　B. 1002,ChangRong,1202.0

C. 1001,ChangRong,1098.0　　D. 1001,ZhangDa,1098.0

30. 有以下程序段：

```
struct st
{
    int x;
    int *y;
} *pt;
int a[]={1,2},b[]={3,4};
struct st c[2]={10,a,20,b};
pt=c;
```

下列选项中表达式的值为 11 的是(　　)。

A. ++pt->x　　B. pt->x

C. *pt->y　　D. (pt++)->x

31. 有以下程序：

```
#include <stdio.h>
struct S
{
    int n;
    int a[20];
};
void f(int *a, int n)
{
    int i;
    for(i=0; i<n- 1; i++)
        a[i]+=i;
}
int main()
{
    int i;
    struct S s={10, {2,3,1,6,8,7,5,4,10,9}};
    f(s.a, s.n);
    for (i=0; i<s.n; i++)
        printf("%d,", s.a[i]);
    return 0;
}
```

程序的输出结果是(　　)。

A. 2,3,1,6,8,7,5,4,10,9,　　B. 3,4,2,7,9,8,6,5,11,10,

C. 2,4,3,9,12,12,11,11,18,9, D. 1,2,3,6,8,7,5,4,10,9,

32. 有以下程序：

```
#include <stdio.h>
#include <string.h>
typedef struct
{
    char name[9];
    char sex;
    float score[2];
} STU;
void f(STU a)
{
    STU b={"Zhao", 'm', 85.0, 90.0};
    int i;
    strcpy(a.name, b.name);
    a.sex=b.sex;
    for (i=0; i<2; i++)
        a.score[i]=b.score[i];
}
int main( )
{
    STU c={"Qian", 'f', 95.0, 92.0};
    f(c);
    printf("%s,%c,%2.0f,%2.0f\n", c.name, c.sex, c.score[0], c.score[1]);
    return 0;
}
```

程序的输出结果是(　　)。

A. Zhao,m,85,90 B. Qian,m,85,90

C. Zhao,f,95,92 D. Qian,f,95,92

33. 有以下程序：

```
#include <stdio.h>
#include <string.h>
struct A
{
    int a;
    char b[10];
    double c;
};
void f(struct A t);
int main( )
{
    struct A a={1001,"ZhangDa",1098.0};
    f(a);
    printf("%d,%s,%6.1f\n", a.a,a.b,a.c);
    return 0;
```

```
}
void f(struct A t)
{
    t.a=1002;
    strcpy(t.b,"ChangRong");
    t.c=1202.0;
}
```

程序的输出结果是(　　)。

A. 1002，ZhangDa，1202.0　　B. 1002，ChangRong，1202.0

C. 1001，ChangRong，1098.0　　D. 1001，ZhangDa，1098.0

34. 有以下定义和语句：

```
struct workers
{
    int num;
    char name[20];
    char c;
    struct
    {
        int day;
        int month;
        int year;
    } s;
};
struct workers  w,*pw;
pw=&w;
```

能给 w 中 year 成员赋值 1980 的语句是(　　)。

A. pw->year=1980;　　B. w.year=1980;

C. w.s.year=1980;　　D. *pw.year=1980;

35. 有以下程序：

```
#include <stdio.h>
struct tt
{
    int x;
    struct tt *y;
}*p;
struct tt a[4]={20,a+1,15,a+2,30,a+3,17,a};
int main( )
{
    int i;
    p=a;
    for(i=1; i <=2; i++)
    {
        printf("%d,", p->x );
        p=p->y;
```

```
    }
    return 0;
}
```

程序的输出结果是(　　)。

A. 20,30,　　B. 30,17,　　C. 15,30,　　D. 20,15,

36. 设有定义:

```
struct {char mark[12]; int num1; double num2;} t1,t2;
```

若变量均已正确赋初值,则以下语句中错误的是(　　)。

A. t1=t2;　　B. t2.num1=t1.num1;

C. t2.mark=t1.mark;　　D. t2.num2=t1.num2;

37. 设有如下说明和定义:

```
struct
{
    int a;
    char *s;
}x,*p=&x;
x.a=4;
x.s="hello";
```

以下叙述中正确的是(　　)。

A. (p++)->a 与 p++->a 都是符合语法的表达式,但二者不等价

B. 语句++p->a;的功能是使 p 增 1

C. 语句++p->a;的功能是使成员 a 增 1

D. 语句 *p->s++;等价于语句(*p)->s++;

38. 若有以下定义和语句:

```
struct st{ int n; struct st *next; };
struct st a[3]={ 5, &a[0], 6, &a[1], 7, &a[2] }, *p;
p=&a[0];
```

则值为 6 的表达式是(提示:运算符->的优先级高于++的优先级)(　　)。

A. (*p).n++　　B. p++->n

C. p->n++　　D. (++p)->n

39. 设有以下程序段:

```
struct person
{
    char name[10];
    char sex;
    float weight;
} zhangsan, *ptr;
ptr=&zhangsan;
```

若要从键盘给结构体变量 zhangsan 的 name 成员输入姓名,输入项错误的是(　　)。

A. scanf("%s", zhangsan->name);

B. scanf("%s", zhangsan. name);

C. scanf("%s", ptr->name);

D. scanf("%s", (*ptr). name);

40. 有如下程序：

```
#include <stdio.h>
struct person
{
    char name[10];
    int age;
};
int main( )
{
    struct person room[4]={{"Zhang", 19}, {"Li", 20}, {"Wang", 17}, {"Zhao", 18}};
    printf("%s:%d\n", (room+ 2)->name, room->age);
    return 0;
}
```

程序的输出结果是(　　)。

A. Wang:19　　B. Wang:17

C. Li:20　　D. Li:19

41. 设有如下定义：

```
struct{ int n; char c; } a[2],*p=a;
```

以下选项中错误引用结构体成员 n 的是(　　)。

A. (*a)->n　　B. a[0]. n

C. p->n　　D. (*p). n

42. 有以下结构体说明、变量定义和赋值语句：

```
struct STD
{
    char name[10];
    int age;
    char  sex;
    } s[5],*ps;
    ps=&s[0];
```

以下 scanf()函数调用语句中有错误的是(　　)。

A. scanf("%s",s[0]. name);　　B. scanf("%d",&s[0]. age);

C. scanf("%c",&(ps->sex));　　D. scanf("%d",ps->age);

43. 有以下程序：

```
#include <stdio.h>
struct ord
{
    int x,y;
```

```
} dt[2]={1,2,3,4};
int main( )
{
    struct ord *p=dt;
    printf("%d,",++(p->x));
    printf("%d\n",++(p->y));
    return 0;
}
```

程序的输出结果是(　　)。

A. 3,4　　B. 4,1　　C. 2,3　　D. 1,2

44. 有如下程序：

```
#include <stdio.h>
#include <string.h>
struct S
{
    char name[10];
};
int main( )
{
    struct S s1, s2;
    strcpy(s1.name, "12345");
    strcpy(s2.name, "ABC");
    s1=s2;
    printf("%s\n", s1.name);
    return 0;
}
```

程序的输出结果是(　　)。

A. ABC12　　B. ABC45　　C. 12345　　D. ABC

45. 有以下程序：

```
#include <stdio.h>
struct S
{
    int x, y;
};
int main( )
{
    struct S data[3]={4, 3, 2, 0, 8, 1};
    int i;
    for (i=0; i<3; i++)
        printf("%d%d;", data[i].x, data[i].y >> 1);
    printf("\n");
    return 0;
}
```

程序的输出结果是(　　)。

A. 41;20;80;　　B. 41;22;64;　　C. 40;21;80;　　D. 43;20;81;

46. 有以下程序：

```
#include <stdio.h>
int main( )
{
    struct cm
    {
        int x;
        int y;
    } a[2]={4,3,2,1 };
    printf("%d \n", a[0].y/a[0].x*a[1].x  );
    return 0;
}
```

程序的输出结果是(　　)。

A. 1　　B. 4　　C. 0　　D. 3

47. 有以下程序：

```
#include <stdio.h>
struct S
{
    int a, b;
}data[2]={10,100,20,200};
int main( )
{
    struct S p=data[1];
    printf("%d\n",++(p.a) );
    return 0;
}
```

程序的输出结果是(　　)。

A. 10　　B. 11　　C. 20　　D. 21

48. 有以下程序：

```
#include <stdio.h>
struct S
{
    int a;
    int *b;
};
int main( )
{
    int x1[ ]={3,4}, x2[ ]={6,7};
    struct S x[ ]={1, x1, 2, x2};
    printf("%d,%d\n",*x[0].b, *x[1].b);
    return 0;
}
```

程序的输出结果是(　　)。

A. 1,2　　B. 3,6　　C. 4,7　　D. 变量的地址值

49. 有以下程序:

```
#include <stdio.h>
#include <string.h>
typedef struct
{
    char name[10];
    char sex;
    int age;
}STU;
void fun(STU *t)
{
    strcpy((*t).name,"Tong");
    (*t).age++;
}
int main()
{
    STU s[2]={"Hua",'m',18,"Qin",'f',19};
    fun(s+1);
    printf("%s,%d,%s,%d\n",s[0].name,s[0].age,s[1].name,s[1].age);
    return 0;
}
```

程序的输出结果是(　　)。

A. Hua,18,Tong,20　　B. Hua,18,Qin,19

C. Tong,19,Qin,19　　D. Hua,19,Tong,19

50. 有以下程序:

```
#include <stdio.h>
struct pair
{
    int first, second;
};
struct pair get_min_max(int*array, int len)
{
int i;
struct pair  res;
res.first=array[0];
res.second=array[0];
for(i=1;i<len;i++)
{
    if (array[i] <res.first)
        res.first=array[i];
    if (array[i]>res.second)
        res.second=array[i];
}
```

```
    return  res;
}
int main()
{
    int array[6]={19, 21, 3, 4};
    struct pair  min_max=get_min_max(array, 6);
    printf("min=%d,max=%d\n", min_max.first, min_max.second);
    return 0;
}
```

程序的输出结果是(　　)。

A. min=0,max=6　　B. min=1,max=20

C. min=1,max=19　　D. min=0,max=21

51.有以下程序:

```
#include <stdio.h>
#include <string.h>
struct S
{
    char name[10];
};
void change(structS  *data, int value)
{
    strcpy(data->name, "#");
    value=6;
}
int main()
{
    struct S  input;
    int num=3;
    strcpy(input.name, "OK");
    change(&input, num);
    printf("%s,%d\n", input.name, num);
    return 0;
}
```

程序的输出结果是(　　)。

A. OK,6　　B. #,6　　C. OK,3　　D. #,3

52.有如下定义:

```
struct
{
    int num;
    char name[10];
    struct
    {
        int y; int m; int d;
    }birth;
}s,*ps=&s;
```

以下对内嵌结构体成员的引用形式中错误的是(　　)。

A. ps. birth. y　　B. s. birth. y　　C. ps->birth. y　　D. (*ps). birth. y

53. 程序中若有以下的说明语句和定义语句：

```
#include <stdio.h>
#include <string.h>
struct STR
{
    char num[10];
    int s;
};
int main()
{
    struct  STR  t, *p;
    p=&t;
    ......
    return 0;
}
```

则不能给变量 t 的 s 成员赋值整数 99、给 num 成员赋值空串的语句组是(　　)。

A. (*p). s=99; (*p). num="";

B. p->s=99;　p->num[0]=0;

C. (*p). s=99; p->num[0]= '\0';

D. p->s=99;　strcpy((*p). num, "");

54. 以下程序拟读取一个姓氏，查找其对应的年龄并输出：

```
#include <stdio.h>
#include <string.h>
#include <stdlib.h>
struct person
{
    char name[10];
    int age;
};
struct person group[6]={"zhang", 18,
                        "wang",20,
                        "li",19,
                        "zhao",18,
                        "liu",19
                        },*p;
int main()
{
    int i,flag=0;
    p=(struct person *)malloc(sizeof(struct person));
    gets(&p->name);
    for(i=0;i<6;i++)
        if((strcmp(p->name,group[i].name )==0))
```

```
        {
            printf("%d\n",group[i].age );
            flag=1;
        }
    if(flag==0) printf("No find! \n");
    return 0;
}
```

程序有语法错误，出错的是(　　)。

A. gets(&p->name);

B. p=(struct person *)

C. if((strcmp(p->name,group[i]. name)==0))

D. printf("%d\n",group[i]. age);

55. 有以下程序：

```
#include <stdio.h>
#include <string.h>
struct S
{
    char name[10];
};
void change(structS * data, int value)
{
    strcpy(data->name, "****");
    value=13;
}
int main( )
{
    struct S input;
    int num=4;
    strcpy(input.name, "THIS");
    change(&input, num);
    printf("%s,%d\n", input.name, num);
    return 0;
}
```

程序的输出结果是(　　)。

A. ****,4　　B. ****,13　　C. THIS,4　　D. THIS,13

二、程序设计题

1. 在主函数 main()中，将 a、b、c 三个结点连接成一个单链表，并给各结点的数据域赋值。函数 fun( )的作用是累加链表中结点数据域的数据并作为函数值返回。

```
#include <stdio.h>
typedef struct list
{
```

```
    int data;
    struct list *next;
} LIST;
int fun(LIST *h)
{
    /**********Program**********/


    /**********End**********/
}
int main( )
{
    LIST a, b, c, *h;
    a.data=34;
    b.data=51;
    c.data=97;
    c.next='\0';
    h=&a;
    a.next=&b;
    b.next=&c;
    printf("总和=%d\n", fun(h));
    return 0;
}
```

2. 函数 fun()的功能是，在有 n 名学生、2 门课程成绩的结构体数组 std 中，计算出第 1 门课程的平均分，并作为函数值返回。例如，主函数 main()中给出了 4 名学生的数据，程序的输出结果为"第 1 门课程的平均分是:76.125000"。

```
#include <stdio.h>
typedef struct
{
    char num[8];
    double score[2];
} STU;
double fun(STU  std[], int n)
{
    /**********Program**********/


    /**********End**********/
}
int main( )
{
    STU  std[]={ "N1001", 76.5, 82.0, "N1002", 66.5, 73.0,
                 "N1005", 80.5, 66.0, "N1006", 81.0, 56.0  };
    printf("第 1 门课程的平均分是:%lf\n", fun(std, 4));
    return 0;
}
```

3. 某学生的记录由学号、8门课程的成绩和平均分组成，学号和8门课程的成绩已在主函数main()中给出。编写fun( )函数，它的功能是求出该学生的平均分并放在记录的ave成员中。例如，若某学生的成绩是85.5、76、69.5、85、91、72、64.5、87.5，则他的平均分应当是78.875。

```
#include <stdio.h>
#define N 8
typedef struct
{
    char num[10];
    double s[N];
    double ave;
} STREC;
void fun(STREC *p)
{
    /**********Program**********/


    /**********End**********/
}
int main( )
{
    STREC s={"GA005 ", 85.5, 76, 69.5, 85, 91, 72, 64.5, 87.5 };
    int i;
    fun(&s);
    printf("The %s's student data:\n", s.num);  /*输出学号*/
    for(i=0;i<N;i++)
        printf("%4.1f\n", s.s[i]);              /*输出各科成绩*/
    printf("\nave=%7.3f\n", s.ave);             /*输出平均分*/
    return 0;
}
```

4. 学生记录由学号和成绩组成，N 名学生的数据已放入主函数main()的结构体数组中。编写函数fun()，其功能是将分数最低的学生数据放入b所指的数组中，注意：分数最低的学生可能不止一个，函数返回分数最低的学生的人数。

```
#include <stdio.h>
#include <string.h>
#define N 10
typedef struct
{
    char num[10];
    int s;
} STREC;
int fun(STREC *a, STREC *b)
{
    /**********Program**********/
```

```
    /**********End**********/
}
int main( )
{
    STREC s[N]={ { "GA05", 85 },{ "GA03", 76 },{ "GA02", 69 },{ "GA04", 85 },
                { "GA01", 91 },{ "GA07", 72 },{ "GA08", 64 },{ "GA09", 64 },
                { "GA10", 85 },{ "GA06", 64 }
              };
    STREC h[N];
    int i, n;
    n=fun(s, h);
    printf("The %d lowest score:\n", n);
    for(i=0;i<n;i++)
        printf("%s  %4d\n", h[i].num, h[i].s);
    printf("\n");
    return 0;
}
```

习题十一　文　件

一、选择题

1. 以下关于 C 语言文件的叙述中正确的是(　　)。
   A. 文件由一系列数据依次排列而成,只能构成二进制文件
   B. 文件由结构序列组成,可以构成二进制文件或文本文件
   C. 文件由数据序列组成,可以构成二进制文件或文本文件
   D. 文件由字符序列组成,其类型只能是文本文件
2. 有以下程序:

```
#include <stdio.h>
int main( )
{
    int i;
    FILE *fp;
    for(i=0; i<3; i++)
    {
        fp=fopen("res.txt", "w");
        fputc('K'+ i, fp);
        fclose(fp);
    }
    return 0;
}
```

程序运行后，会在当前目录下生成一个 res.txt 文件，其内容是(　　)。

A. EOF　　B. M　　C. KLM　　D. L

3. 以下叙述中正确的是(　　)。

A. 指向文件的指针变量是指向文件信息区的

B. 文件指针变量的值是文件的当前路径

C. 文件指针变量的值是文件的当前读取位置

D. 调用 fscanf()函数能向所有类型的文件中写入任意字符

4. 以下关于“文件指针”概念的叙述中正确的是(　　)。

A. 文件指针是程序中用 FILE 定义的指针变量

B. 文件指针就是文件位置指针，表示当前读写数据的位置

C. 文件指针指向文件在计算机中的存储位置

D. 将文件指针传给 fscanf()函数，就可以向文本文件中写入任意字符

5. 以下叙述中正确的是(　　)。

A. 表达式 sizeof(FILE *) == sizeof(int *) 的值为“真”

B. 文件指针的值是一个整数，它的值一定小于文件字节数

C. 文件指针的值是所指文件的当前读取位置

D. 使用 fscanf()函数可以向任意类型的文件中写入任意数量的字符

6. 以下叙述中正确的是(　　)。

A. 当对文件的读写操作完成之后，必须将它关闭，否则可能导致数据丢失

B. 打开一个已存在的文件并进行写操作后，原有文件中的全部数据必定被覆盖

C. 在一个程序中对文件进行了写操作后，必须先关闭该文件再打开，才能读到第一个数据

D. C 语言中的文件是流式文件，因此只能顺序存取数据

7. 有以下程序：

```
#include <stdio.h>
int main()
{
    FILE *fp;
    int a[10]={1,2,3}, i, n;
    fp=fopen("d1.dat", "w");
    for(i=0; i<3; i++)
        fprintf(fp, "%d", a[i]);
    fprintf(fp, "\n");
    fclose(fp);
    fp=fopen("d1.dat", "r");
    fscanf(fp, "%d", &n);
    fclose(fp);
    printf("%d\n", n);
    return 0;
}
```

程序的输出结果是(　　)。

A. 321　　B. 12300　　C. 1　　D. 123

8. 有以下程序：

```
#include <stdio.h>
int main( )
{
    FILE *fp;
    int i, a[6]={1,2,3,4,5,6}, k;
    fp=fopen("data.dat", "w+");
    fprintf(fp, "%d\n", a[0]);
    for(i=1;i<6;i++)
    {
        rewind(fp);
        fprintf(fp, "%d\n", a[i]);
    }
    rewind(fp);
    fscanf(fp, "%d", &k);
    fclose(fp);
    printf("%d\n", k);
    return 0;
}
```

程序的输出结果是（　　）。

A. 6　　B. 21　　C. 123456　　D. 654321

9. 有以下程序：

```
#include <stdio.h>
int main( )
{
    FILE *fp;
    int i, a[6]={1,2,3,4,5,6},k;
    fp=fopen( "data.dat", "w+" );
    for( i=0; i<6; i++)
        fprintf(fp, "%d\n", a[5-i]);
    rewind(fp);
    for(i=0;i<6;i++)
    {
        fscanf(fp,"%d",&k);
        printf("%d,",k);
    }
    fclose(fp);
    return 0;
}
```

程序的输出结果是（　　）。

A. 6,5,4,3,2,1,　　B. 1,2,3,4,5,6,

C. 1,1,1,1,1,1　　D. 6,6,6,6,6,6,

10. 有以下程序：

```
#include <stdio.h>
#include <stdlib.h>
int main( )
{
    FILE *fp;
    char ch,str[5];
    if((fp=fopen("file.txt","wb+"))==NULL)
    {
        printf("error! \n");
        exit(0);
    }
    ch=getchar();
    while( ch!='! ')
    {
        fputc(ch,fp);
        ch=getchar();
    }
    rewind(fp);
    do
    {
        fgets(str, 4, fp);
        puts(str);
    }while(! feof(fp));
    fclose(fp);
    return 0;
}
```

若程序运行时输入 c:\\test!＜回车＞,则程序的输出结果是(　　)。

A. c:\
\te
st

B. c:\　test

C. c:　tes
t

D. c:\t
est

11. 设文件指针 fp 已定义,执行语句 fp=fopen("file","w");后,以下针对文本文件 file 的操作的叙述中正确的是(　　)。

A. 只能写,不能读　　B. 写操作结束后可以从头开始读

C. 可以在原有内容后追加写　　D. 可以随意读和写

12. 有以下程序:

```
#include <stdio.h>
int main( )
{
    FILE  *f;
    f=fopen("filea.txt","w");
    fprintf(f,"abc");
    fclose(f);
    return 0;
}
```

若文本文件 filea. txt 中原有内容为 hello，则运行以上程序后，文件 filea. txt 中的内容为(　　)。

A. abclo　　B. abc　　C. helloabc　　D. abchello

13. 有以下程序：

```
#include <stdio.h>
int main( )
{
    FILE *fp;
    int i, a[6]={1,2,3,4,5,6},k;
    fp=fopen("data.dat","w+");
    fprintf(fp,"%d\n",a[0]);
    for(i=1;i<6; i++)
    {
        fseek(fp, 0L, 0);
        fscanf(fp,"%d", &k);
        fseek(fp, 0L, 0);
        fprintf(fp,"%d\n",a[i]+k);
    }
    rewind(fp);
    fscanf(fp, "%d", &k);
    fclose(fp);
    printf("%d\n", k);
    return 0;
}
```

程序的输出结果是(　　)。

A. 21　　B. 6　　C. 123456　　D. 11

14. 以下叙述中正确的是(　　)。

A. 在 C 语言中调用 fopen()函数就可以将程序中要读写的文件与磁盘上实际的数据文件联系起来

B. fopen()函数的调用形式为 fopen(文件名)

C. fopen()函数的返回值为 NULL 时，表明成功打开了指定的文件

D. fopen()函数的返回值必须被赋给一个任意类型的指针变量

15. 有以下程序段：

```
FILE *fp;
if( (fp=fopen("test.txt","w")) ==NULL)
{
    printf("不能打开文件!");
    exit(0);
}
else
    printf("成功打开文件!");
```

若指定文件 test. txt 不存在，且无其他异常，则以下叙述中错误的是(　　)。

A. 输出“不能打开文件!”

B. 输出“成功打开文件!”

C. 系统将按指定文件名新建文件

D. 系统将为写操作建立文本文件

16. 有以下程序段：

```
FILE *fp;
if( (fp=fopen("test.txt", "w")) ==NULL)
{
    printf("不能打开文件!");
    exit(0);
}
else
    printf("成功打开文件!");
```

若文件 test.txt 已存在，则以下叙述中正确的是(　　)。

A. 程序运行后，文件 test.txt 中的原有内容将全部消失

B. 程序运行时，会因文件存在而出错

C. 对文件 test.txt 进行写操作后，可以随机进行读取

D. 对文件 test.txt 写入的内容总是被添加到文件尾部

17. 以下关于 fclose(fp)函数的叙述中正确的是(　　)。

A. 当对文件的所有写操作完成之后，必须调用 fclose(fp)函数关闭文件

B. 当对文件的所有写操作完成之后，不一定要调用 fclose(fp)函数关闭文件

C. 只有对文件进行输入操作之后，才需要调用 fclose(fp)函数关闭文件

D. 只有对文件进行输出操作之后，才需要调用 fclose(fp)函数关闭文件

18. 有以下程序：

```
#include <stdio.h>
int main( )
{
    FILE  *fp;
    int a[10]={1,2,3,0,0}, i;
    fp=fopen("d2.dat", "wb");
    fwrite(a, sizeof(int), 5, fp);
    fwrite(a, sizeof(int), 5, fp);
    fclose(fp);
    fp=fopen("d2.dat", "rb");
    fread(a, sizeof(int), 10, fp);
    fclose(fp);
    for (i=0; i<10; i++)
        printf("%d,", a[i]);
    return 0;
}
```

程序的输出结果是(　　)。

A. 1,2,3,0,0,0,0,0,0,0,　　B. 1,2,3,1,2,3,0,0,0,0,

C. 123,0,0,0,0,123,0,0,0,0,　　D. 1,2,3,0,0,1,2,3,0,0,

19. 以下叙述中正确的是(　　)。

A. EOF 只能作为文本文件的结束标志,其值为-1

B. EOF 可以作为所有文件的结束标志

C. EOF 只能作为二进制文件的结束标志

D. 任何文件都不能用 EOF 作为文件的结束标志

20. 以下程序依次将从终端输入的字符存放到 f 文件中,用 # 作为结束输入的标志,则在下画线处应填入的选项是(　　)。

```
#include <stdio.h>
int main()
{
    FILE *fp;
    char ch;
    fp=fopen("fname", "w");
    while((ch=getchar()) !='#')
        fputc( ________ );
    fclose(fp);
    return 0;
}
```

A. ch, "fname"　B. fp, ch　C. ch　D. ch, fp

21. 以下不能对文件进行输出的库函数是(　　)。

A. fwrite()　B. fputc()　C. fpout()　D. fprintf()

22. 若文件指针 fp 已正确指向文件,ch 为字符型变量,则以下不能将字符输出到文件中的语句是(　　)。

A. fget(fp,ch);　B. fputc(ch,fp);

C. fprintf(fp, "%c",ch);　D. fwrite(&ch,sizeof(ch),1,fp);

23. 以下叙述中错误的是(　　)。

A. gets()函数用于从终端读入字符串

B. getchar()函数用于从磁盘文件读入字符

C. fputs()函数用于将字符串输出到文件

D. fwrite()函数用于以二进制形式输出数据到文件

24. 函数 fgetc()的功能是从指定文件中读入一个字符,以下与其功能完全相同的函数是(　　)。

A. fread()　B. fscanf()　C. fgets()　D. getc()

25. 读取二进制文件的函数调用形式为 fread(buffer,size,count,fp);,其中 buffer 代表的是(　　)。

A. 一个内存块的字节数

B. 一个整型变量,代表待读取数据的字节数

C. 一个文件指针,指向待读取文件

D. 一个内存块的首地址,代表读入数据的存放地址

26. 有以下程序:

```
#include <stdio.h>
int main( )
{
    FILE *pf;
    char *s1="China", *s2="Beijing";
    pf=fopen("abc.dat","wb+");
    fwrite(s2,7,1,pf);
    rewind(pf);                  /*文件位置指针回到文件开头*/
    fwrite(s1,5,1,pf);
    fclose(pf);
    return 0;
}
```

程序执行后，abc.dat 文件的内容是(　　)。

A. China　　B. Chinang

C. ChinaBeijing　　D. BeijingChina

27. 有如下定义：

```
struct st
{ int n;  float t; } a[20];
FILE *fp;
```

若文件已正确打开，则以下将文件内容读入数组 a 中的语句，错误的是(　　)。

A. for(i=0; i<20; i++)
　　fread(a[i],sizeof(struct st),1L,fp);

B. fread(a,sizeof(struct st),20L,fp);

C. for(i=0; i<20; i+=2)
　　fread(&a[i],2*sizeof(struct st),1L,fp);

D. for(i=0; i<20; i++,i++)
　　fread(&a[i],sizeof(struct st),2L,fp);

28. 有如下定义：

```
struct st
{ int a;  float  b; } x[10];
FILE  *fp;
```

若文件已正确打开，且数组 x 的 10 个元素均已赋值，则以下将数组元素写到文件中的语句，错误的是(　　)。

A. for(i=0; i<10; i++)
　　fwrite(x,sizeof(struct st),1,fp);

B. fwrite(x,10*sizeof(struct st),1,fp);

C. fwrite(x,sizeof(struct st),10,fp);

D. for(i=0; i<10;i++)
　　fwrite(&x[i],sizeof(struct st),1,fp);

29. 有以下程序：

```c
#include <stdio.h>
int main( )
{
    FILE *fp;
    int k, n, a[6]={1,2,3,4,5,6};
    fp=fopen("d2.dat", "w");
    fprintf(fp, "%d%d%d\n", a[0],a[1],a[2]);
    fprintf(fp, "%d%d%d\n", a[3],a[4],a[5]);
    fclose(fp);
    fp=fopen("d2.dat", "r");
    fscanf(fp, "%d%d", &k, &n);
    printf("%d %d\n", k, n);
    fclose(fp);
    return 0;
}
```

程序的输出结果是(　　)。

A. 1 2　　B. 1 4

C. 123 4　　D. 123 456

30. 有以下程序：

```c
#include <stdio.h>
int main( )
{
    FILE *fp;
    char str[10];
    fp=fopen("myfile.dat","w");
    fputs("abc",fp);
    fclose(fp);
    fp=fopen("myfile.dat","a+");
    fprintf(fp,"%d",28);
    rewind(fp);
    fscanf(fp,"%s",str);
    puts(str);
    fclose(fp);
    return 0;
}
```

程序的输出结果是(　　)。

A. abc　　B. 28c

C. abc28　　D. 因类型不一致而出错

31. 标准库函数 fgets(s, n, f)的功能是(　　)。

A. 从文件 f 中读取长度不超过 $n-1$ 的字符串，存入指针 s 所指的内存

B. 从文件 f 中读取长度为 n 的字符串，存入指针 s 所指的内存

C. 从文件 f 中读取 n 个字符串，存入指针 s 所指的内存

D. 从文件 f 中读取 $n-1$ 个字符串，存入指针 s 所指的内存

32. 设 fp 为指向某二进制文件的指针，且已读到此文件末尾，则函数 feof(fp) 的返回值为(　　)。

A. 0　　B. '\0'　　C. 非零值　　D. NULL

33. 以下程序用来统计文件中字符的个数[函数 feof()用以检查文件是否结束，结束时返回非零值]：

```
#include <stdio.h>
int main( )
{
    FILE *fp;
    long num=0;
    fp=fopen("fname.dat","r");
    while( ________ )
    {
        fgetc(fp);
        num++;
    }
    printf("num=%d\n",num);
    fclose( fp );
    return 0;
}
```

下面选项中，填入下画线处不能得到正确结果的是(　　)。

A. feof(fp)==NULL　　B. !feof(fp)

C. feof(fp)　　D. feof(fp)==0

34. 以下关于 EOF 的叙述中，正确的是(　　)。

A. EOF 的值等于 0

B. EOF 是在头文件中定义的符号常量

C. 文本文件和二进制文件都可以用 EOF 作为文件结束标志

D. 对于文本文件，fgetc()函数读入最后一个字符时，返回值是 EOF

35. 若有以下程序：

```
#include <stdio.h>
int main( )
{
    FILE *fp;
    int i, a[6]={1,2,3,4,5,6}, k;
    fp=fopen("data.dat", "w+b");
    for (i=0; i<6; i++)
    {
        fseek(fp, 0L, 0);
        fwrite(&a[5- i], sizeof(int), 1, fp);
    }
    rewind(fp);
    fread(&k, sizeof(int), 1, fp);
    fclose(fp);
```

```
    printf("%d", k);
    return 0;
}
```

则程序的输出结果是(　　)。

A. 6　　B. 1　　C. 123456　　D. 21

二、程序填空题

1. 下列程序的功能是将从键盘输入的字符串存入文件中，字符串以 # 结束，文件名从键盘输入。请填空。

```
#include <stdio.h>
#include <stdlib.h>
int main( )
{
    FILE *fp;
    char ch,fname[10];
    printf("Input the name of file\n");
    gets(fname);
    if((  【1】  )==NULL)
    {
        printf("Cannot open\n");
        exit(0);
    }
    printf("Enter data\n");
    while((ch=getchar()) !='#')
        fputc(  【2】  , fp);
    fclose(fp);
    return 0;
}
```

2. 下列程序的功能是，从键盘输入一个字符串，将该字符串中的小写字母转换为大写字母，并输出到文件 test. txt 中，然后从该文件读出字符串并显示出来。请填空。

```
#include <stdio.h>
#include <stdlib.h>
int main( )
{
    FILE *fp;
    char str[100];
    int i=0;
    if((fp=fopen("test.txt",  【1】  ))==NULL)
    {
        printf("can\'t open this file.\n");
        exit(0);
    }
```

```
    printf("input a string:\n");
    gets(str);
    while(str[i])
    {
        if(str[i]>='a'&&str[i]<='z')
            str[i]=  【2】  ;
        fputc(str[i],fp);
        i++;
    }
    fclose(fp);
    fp=fopen("test.txt",  【3】  );
    fgets(str,100,fp);
    printf("%s\n", str);
    fclose(fp);
    return 0;
}
```

三、程序设计题

1. 有两个磁盘文件 A. txt 和 B. txt，各存放一行字母，现要求将这两个文件中的信息合并(按字母顺序排列)，输出到一个新文件 C. txt 中。

2. 从键盘输入若干行字符(每行长度不等)，输入后将它们存储到一磁盘文件中。再从该文件中读入这些数据，将其中的小写字母转换成大写字母后显示在屏幕上。

3. 建立一个班级的人员情况表，其数据项应包括证件号码、姓名、百分制记分的 3 门课程的成绩(离散数学、数据结构、程序设计语言)，计算该班 5 人的各门课程的平均成绩，并将原有数据和计算出的平均成绩存放在 stud 文件中。

4. 对上题的 stud 文件中的学生数据，按平均成绩进行排序，将已排序的学生数据存入一个新文件 stu_sort 中。

参 考 文 献

[1] 谭浩强. C 程序设计[M]. 5 版. 北京：清华大学出版社，2017.

[2] 传智播客高教产品研发部. C 语言程序设计教程[M]. 北京：中国铁道出版社，2015.

[3] 黑马程序员. C 语言程序设计案例式教程[M]. 北京：人民邮电出版社，2017.

[4] 孙辉. C 语言程序设计实验指导与习题集[M]. 北京：人民邮电出版社，2017.

[5] 全国计算机等级考试命题研究中心，未来教育与研究中心. 全国计算机等级考试真题汇编与专用题库：二级 C 语言[M]. 北京：人民邮电出版社，2017.

[6] 普拉达. C Primer Plus：第 6 版：中文版[M]. 张海龙，袁国忠，译. 北京：人民邮电出版社，2020.

[7] 霍尔顿. C 语言入门经典：第 5 版[M]. 杨浩，译. 北京：清华大学出版社，2013.

[8] 明日科技. C 语言从入门到精通[M]. 4 版. 北京：清华大学出版社，2019.